Einführung in das mathematische Denken

Elena Berdysheva

Einführung in das mathematische Denken

Ein kompakter Vorkurs

Elena Berdysheva
Department of Mathematics and
Applied Mathematics
University of Cape Town
Cape Town, South Africa

ISBN 978-3-662-71588-8   ISBN 978-3-662-71589-5   (eBook)
https://doi.org/10.1007/978-3-662-71589-5

Die Deutsche Nationalbibliothek verzeichnet diese Publikation in der Deutschen Nationalbibliografie; detaillierte bibliografische Daten sind im Internet über https://portal.dnb.de abrufbar.

© Der/die Herausgeber bzw. der/die Autor(en), exklusiv lizenziert an Springer-Verlag GmbH, DE, ein Teil von Springer Nature 2026

Das Werk einschließlich aller seiner Teile ist urheberrechtlich geschützt. Jede Verwertung, die nicht ausdrücklich vom Urheberrechtsgesetz zugelassen ist, bedarf der vorherigen Zustimmung des Verlags. Das gilt insbesondere für Vervielfältigungen, Bearbeitungen, Übersetzungen, Mikroverfilmungen und die Einspeicherung und Verarbeitung in elektronischen Systemen.
Die Wiedergabe von allgemein beschreibenden Bezeichnungen, Marken, Unternehmensnamen etc. in diesem Werk bedeutet nicht, dass diese frei durch jede Person benutzt werden dürfen. Die Berechtigung zur Benutzung unterliegt, auch ohne gesonderten Hinweis hierzu, den Regeln des Markenrechts. Die Rechte des/der jeweiligen Zeicheninhaber*in sind zu beachten.
Der Verlag, die Autor*innen und die Herausgeber*innen gehen davon aus, dass die Angaben und Informationen in diesem Werk zum Zeitpunkt der Veröffentlichung vollständig und korrekt sind. Weder der Verlag noch die Autor*innen oder die Herausgeber*innen übernehmen, ausdrücklich oder implizit, Gewähr für den Inhalt des Werkes, etwaige Fehler oder Äußerungen. Der Verlag bleibt im Hinblick auf geografische Zuordnungen und Gebietsbezeichnungen in veröffentlichten Karten und Institutionsadressen neutral.

Planung/Lektorat: Iris Ruhmann
Springer Spektrum ist ein Imprint der eingetragenen Gesellschaft Springer-Verlag GmbH, DE und ist ein Teil von Springer Nature.
Die Anschrift der Gesellschaft ist: Heidelberger Platz 3, 14197 Berlin, Germany

Wenn Sie dieses Produkt entsorgen, geben Sie das Papier bitte zum Recycling.

Meiner Familie

Vorwort

Dieses Buch richtet sich an Studienanfängerinnen und -anfänger mit Studienfach Mathematik oder Studienfächern, in denen eine ernsthafte Auseinandersetzung mit mathematischen Konzepten auf einem hohen Niveau erwartet wird. Erfahrungsgemäß fällt der Übergang von der Schule zu der Universitätsmathematik nicht leicht. Mit dieser kurzen Einführung ins mathematische Denken möchte ich den Einstieg in die Hochschulmathematik erleichtern.

Das Buch ist entstanden aus dem Vorlesungsskript des zweiwöchigen Vorkurses Mathematik – Mathematisches Denken, welchen ich in den Jahren 2016 bis 2020 jeweils zu Beginn des Wintersemesters an der Justus-Liebig-Universität Gießen hielt.

Es werden keine Inhalte aus dem mathematischen Schulunterricht thematisiert (wobei natürlich vorausgesetzt ist, dass Leserinnen und Leser über Kenntnisse der Schulmathematik verfügen). Vielmehr wird man anhand von mehreren ausgewählten Themen an die Denk- und Arbeitsweise einer Mathematikerin, eines Mathematikers herangeführt. Die zeitliche Einschränkung des Vorkurses erklärt die Knappheit des Büchleins. Wir verzichten auf manche Themen, welche in einem solchen Kurs durchaus vorkommen könnten; z. B. betrachten wir keine algebraischen Strukturen wie Gruppen und Ringe. Wir beschäftigen uns auch nicht mit der Geschichte der im Buch vorgestellten Ideen.

Bei der Vorbereitung meiner Vorlesungen benutzte ich mehrere Quellen. Eine von ihnen war das „Skript zum Mathematik-Vorkurs (VEMINT-Vorkurs P2)" von Frau Dr. Kerstin Hesse von der Universität Paderborn. An dieser Stelle möchte ich Frau Dr. Hesse, die mir ihr Skript zur Verfügung stellte und sich mit mir über ihre Erfahrungen mit den Vorkursen austauschte, herzlichst danken. Das Buch von Hermann Schichl und Roland Steinbauer *Einführung in das mathematische Arbeiten* (Springer-Verlag Berlin Heidelberg, 2009) diente mir als eine weitere Inspirationsquelle; insbesondere benutze auch ich zur Veranschaulichung der Beweistechniken Beispiele aus der Elementaren Zahlentheorie (Teilbarkeit, Primzahlen). Das Buch kann ich interessierten Studierenden zum Weiterlesen empfehlen.

Auch weitere Materialien fanden eine Verwendung. So benutzte ich an einigen Stellen das Skript zum Vorkurs Mathematik an der Universität Hohenheim, welchen ich viele Jahre lang leitete. Die Originalfassung jenes Skriptums wurde von Frau Prof. Dr. Christine Bescherer und Herrn Rolf Springmann erstellt, später von Herrn Dr. Jens Höchsmann und dann von mir überarbeitet. Auch Skripte von Herren Prof. Dr. Kurt Jetter und Prof. Dr. Georg Zimmermann zu weiteren Lehrveranstaltungen an der Universität Hohenheim wurden von mir teilweise verwendet. Allen diesen Kollegen spreche ich an dieser Stelle einen Dank aus.

Des Weiteren danke ich Herrn Dr. Tibor Kovacs, der in den Jahren vor mir den Vorkurs Mathematik an der Universität Gießen – welcher allerdings nach einem anderen Konzept aufgebaut war – leitete und mir seine Unterlagen zur Verfügung stellte. Von Frau Prof. Dr. Margareta Heilmann bekam ich Aufgabensammlungen zu den mathematischen Vorkursen an der Universität Wuppertal; auch ihr gilt mein Dank.

Eine frühere Fassung des Skriptes wurde von Herrn David Losacker erstellt. Herr Losacker hat meine handschriftlichen Notizen kritisch gelesen und teilweise überarbeitet sowie die LaTeX-Dateien vorbereitet. Für seine fachlich wie technisch ausgezeichnete Arbeit am Skript danke ich ihm herzlichst. Ein weiterer Dank gilt Frau Rebekka Wünch für ihre Arbeit an den Dateien mit den Übungsaufgaben und deren Lösungen.

Die Idee, mein Vorlesungsskript als ein Buch zu veröffentlichen, stammt von Frau Iris Ruhmann, Senior Editorin beim Springer-Verlag in Heidelberg. Ich danke Frau Ruhmann und weiteren Kolleginnen und Kollegen von Springer, vor allem Herrn Amose Stanislaus, für ihre Unterstützung, ihre tatkräftige Hilfe bei der Vorbereitung des Manuskripts und ihre unendliche Geduld mit mir.

Kapstadt
im April 2025

Elena E. Berdysheva

Interessenkonflikt Der/die Autor*in hat keine für den Inhalt dieses Manuskripts relevanten Interessenkonflikte.

Inhaltsverzeichnis

1 **Einführung** 1
2 **Mengenlehre** 5
   2.1 Mengenbegriff 5
   2.2 Mengenrelationen 7
   2.3 Mengenoperationen 10
   2.4 Kartesisches Produkt zweier Mengen 18
   2.5 Kardinalität einer endlichen Menge 19
   2.6 Aufgaben 21
3 **Logik und Beweise** 23
   3.1 Aussagen und logische Operatoren 23
   3.2 Implikation und Äquivalenz 30
   3.3 Quantoren 34
   3.4 Beweise 35
       3.4.1 Direkter Beweis 35
       3.4.2 Beweis durch Kontraposition 36
       3.4.3 Beweis durch Widerspruch 37
       3.4.4 Widerlegen von Allaussagen durch ein Gegenbeispiel 39
   3.5 Vollständige Induktion 39
   3.6 Aufgaben 45
4 **Abbildungen** 49
   4.1 Der Begriff einer Abbildung 49
   4.2 Bild und Urbild 51
   4.3 Injektivität, Surjektivität, Bijektivität und die Umkehrfunktion 54
   4.4 Verkettung von Abbildungen 56
   4.5 Mächtigkeit 58
   4.6 Aufgaben 61
5 **Elementare Zahlentheorie** 65
   5.1 Teilbarkeit 65
   5.2 Primzahlen 71

	5.3	Kongruenz modulo m und Restklassen	74
		5.3.1 Relationen	74
		5.3.2 Kongruenz modulo m und Restklassen	78
	5.4	Aufgaben	80
6	**Ungleichungen und Betrag**		83
	6.1	Ordnungsrelationen	83
	6.2	Betrag	85
	6.3	Fallunterscheidung beim Lösen von Ungleichungen	87
	6.4	Aufgaben	91
Lösungen			93
Stichwortverzeichnis			117

Symbolverzeichnis

$\mathbb{N}$	die Menge der natürlichen Zahlen
$\mathbb{Z}$	die Menge der ganzen Zahlen
$\mathbb{Q}$	die Menge der rationalen Zahlen
$\mathbb{R}$	die Menge der reellen Zahlen
$\lfloor x \rfloor$	ganzzahliger Teil von $x \in \mathbb{R}$
$x \in A$	x ist Element von A
$\emptyset$	leere Menge
$\subseteq$	Teilmenge
$\supseteq$	Obermenge
$P(M)$	Potenzmenge der Menge M
$\cup$	Vereinigung von Mengen
$\cap$	Schnittmenge
$\setminus$	Differenzmenge
Δ	symmetrische Differenz
$\overline{M}$	Komplementmenge der Menge M
$\times$	kartesisches Produkt
$|M|$	Kardinalität der Menge M
$\wedge$	Und-Verknüpfung
$\vee$	Oder-Verknüpfung
$\neg$	Negation
$\Longrightarrow$	Implikation
$\Longleftrightarrow$	Äquivalenz
$\forall$	Allquantor
$\exists$	Existenzquantor
$\aleph_0$	Mächtigkeit der Menge $\mathbb{N}$
$\mathfrak{c}$	Mächtigkeit des Kontinuums
$a|b$	a teilt b
$T(a)$	Teilermenge von a
$\mathrm{ggT}(a, b)$	größter gemeinsamer Teiler von a und b
$[a]$	Äquivalenzklasse von a
$M/\sim$	Faktormenge bzgl. Äquivalenzrelation $\sim$
$a \equiv b \mod m$	Kongruenz modulo m
$\sim_m$	Kongruenz modulo m
$\mathbb{Z}_m$	Restklassen modulo m

Einführung 1

Sie beginnen mit dem Studium der Mathematik oder eines Faches, welches solide Kenntnisse der Mathematik erfordert – herzlichen Glückwunsch! Es erwartet Sie eine Reise, auf der Sie viel Schönes und Spannendes entdecken werden; manche Etappen werden aber auch Anstrengung und Ausdauer verlangen. Ich hoffe, dass Sie meine Begeisterung für Mathematik teilen und viel Freude auf Ihrem Wege erleben werden.

Sie werden mit mathematischen Schriften konfrontiert sein; sei es ein Vorlesungsskript in einer Lehrveranstaltung, ein Buch oder eine Quelle aus dem Internet. In diesem knappen einführenden Kapitel stellen wir kurz die Struktur eines mathematischen Textes vor.

In der Mathematik verwendet man Definitionen, Axiome, Sätze, Beweise. Im Folgenden werden diese Begriffe präzisiert und durch Beispiele illustriert.

Definitionen sind terminologische Vereinbarungen. Sie legen eindeutig fest, was unter einem bestimmten mathematischen Begriff zu verstehen ist. Exemplarisch betrachten wir hier die Definition einer Primzahl.

Definition 1.1 Eine *Primzahl* ist eine natürliche Zahl, die durch genau zwei natürliche Zahlen ohne Rest teilbar ist.

Aufgrund dieser Definition kann man für jede Zahl entscheiden, ob sie eine Primzahl ist oder nicht. Beispielsweise sind 2, 3, 5, 7 Primzahlen, 4 allerdings nicht, da sie von den drei Zahlen 1, 2 und 4 geteilt wird. Ebenso ist auch 1 keine Primzahl, da sie nur einen Teiler besitzt.

Die Sprache der Mathematik ist sehr präzise, es werden keine subjektiven Beschreibungen zugelassen. So kann man z.B. nicht von „schönen Matrizen" reden (es sei denn, man definiert sie, z.B. „Eine Matrix heißt schön, wenn ihre Einträge nur die Zahlen 0 und 1 sind" – das ist aber keine gängige Definition!).

Mathematische Sätze bestehen aus Aussagen.

Definition 1.2 Eine *Aussage* ist ein sprachliches Gebilde, das aufgrund seines Inhaltes entweder wahr oder falsch ist.

Beispiel 1.1 (Aussagen)

(i) Folgende Phrasen sind Aussagen:

(a) Berlin liegt in Deutschland. (wahr)
(b) Köln liegt in Spanien. (falsch)
(c) $1 + 1 = 2$. (wahr)
(d) $2 + 2 = 5$. (falsch)
(e) $2^{9842238} - 1$ ist eine Primzahl. (Das ist entweder wahr oder falsch, auch wenn wir es vielleicht nicht wissen.)

(ii) Das sind keine Aussagen:

(a) Beeile Dich!
(b) Ist das Wetter gut?
(c) $x + 1$.

Wir werden uns im in Kap. 3 „Logik und Beweise" tiefgehender mit Aussagen beschäftigen.

Man kann sich die Mathematik als Gebäude vorstellen, dessen Fundament von Axiomen gebildet wird. *Axiome* sind Aussagen einer Theorie, die innerhalb dieses Systems nicht hergeleitet oder widerlegt werden können. Diese Aussagen werden als wahr angenommen.

Beispiel 1.2 (Axiome)
Beispiele von Axiomen:

(i) Fünf Axiome der euklidischen Geometrie.
(ii) Axiome der Peano-Arithmetik: Beschreibung der natürlichen Zahlen.

Alle anderen Aussagen werden aus Axiomen durch logische Schlussfolgerungen abgleitet. Dieser Vorgang heißt *beweisen*.

Mathematische *Sätze* sind Aussagen über mathematische Sachverhalte. In der Praxis gehen wir in der Regel nicht von Axiomen aus, sondern von schon bewiesenen Sätzen. Ein *Satz* bzw. ein *Theorem* ist eine aus den Axiomen oder aus vorangegangenen bewiesenen Sätzen logisch hergeleitete Aussage. Theoreme enthalten *Voraussetzungen* und *Behauptungen*. Die Voraussetzungen nennen die Bedingungen, unter denen die Behauptungen gelten. Als einführende Beispiele betrachten wir die folgenden Sätze und analysieren deren Aufbau.

Satz 1.1 *Jede von 2 verschiedene Primzahl ist ungerade.*

Die Voraussetzungen sind hierbei, dass

(i) $p \neq 2$,
(ii) p ist Primzahl,

während die Behauptung lautet, dass p ungerade ist.

Satz 1.2 *Teilt die ganze Zahl a die ganzen Zahlen b und c, so teilt a auch die Summe $b + c$ sowie die Differenz $b - c$ der beiden Zahlen.*

In diesem Fall sind die Voraussetzungen:

(i) a, b, c sind ganze Zahlen,
(ii) a teilt b,
(iii) a teilt c.

Die Behauptungen sind in diesem Fall:

(i) a teilt $b + c$,
(ii) a teilt $b - c$.

Darüber hinaus gibt es noch weitere Namen für mathematische Aussagen. *Lemma* (Plural: Lemmata) bzw. *Hilfssatz* bezeichnet in der Regel ein kleineres Resultat, das im Rahmen des Beweises eines Satzes verwendet wird, selbst allerdings nicht den Rang bzw. die Wichtigkeit eines Satzes darstellt. Es sei angemerkt, dass die Einteilung in Sätze und Lemmata subjektiv ist. Ein *Korollar* bzw. eine *Folgerung* ist eine Aussage, die sich aus einem schon bewiesenen Satz ohne großen Mehraufwand herleiten lässt. Weiter existieren Haupt- und Fundamentalsätze, Propositionen und so weiter.

Logische Schlussfolgerungen und Beweistechniken werden später, in Kap. 3 „Logik und Beweise", besprochen.

Dieses Buch besteht aus sechs Kapiteln. In Kap. 2–4 werden Grundlagen der Mathematik behandelt: Mengenlehre in Kap. 2, Aussagenlogik und die wichtigsten Typen von Beweisen in Kap. 3, der Begriff einer Abbildung in Kap. 4. In den darauffolgenden zwei Kapiteln werden die Ideen aus diesen drei Kapiteln illustriert anhand von Beispielen aus den Themen Elementare Zahlentheorie in Kap. 5, wo wir logisches Argumentieren und Beweistechniken weiter trainieren, und Ungleichungen und Betrag in Kap. 6, wo es unter anderem darum geht, zu erlernen, wie man eine saubere Fallunterscheidung durchführt.

Ich wünsche Ihnen viel Freude und viel Erfolg!

Mengenlehre 2

In diesem Kapitel beschäftigen wir uns mit Mengen und deren Verknüpfungen. Zusammen mit der Aussagenlogik bildet die Mengenlehre ein Fundament der modernen Mathematik. Es sei angemerkt, dass wir bereits in diesem Kapitel einige Beweise durchführen werden, wobei wir manche Inhalte aus Kap. 3 und 5 vorwegnehmen. In solchen Situationen werden diese ausreichend erklärt.

2.1 Mengenbegriff

Eine *Menge* ist eine Zusammenfassung von wohlunterscheidbaren, bestimmten Objekten *(Elementen)* unserer Anschauung oder unseres Denkens zu einem Ganzen.

Beispiel 2.1 (Mengen)

(i) Die Menge der im Raum anwesenden Studierenden.
(ii) Die Menge aller Primzahlen im Zahlenraum von 1 bis 20.
(iii) Die Menge $P(M)$ der Teilmengen der Menge $M = \{a, b, c\}$.

Das Wort „wohlunterscheidbar" fordert, dass geklärt wird, was als gleich und was als verschieden anzusehen ist.

Beispiel 2.2

(i) $\frac{1}{2}$ und 0,5 sind gleich, wenn wir Zahlen betrachten.
(ii) $\frac{1}{2}$ und 0,5 sind verschieden, wenn wir Schreibweisen betrachten.

Das Wort „bestimmt" bedeutet, dass bei jedem Element eindeutig entscheidbar ist, ob es zur Menge gehört oder nicht. In diesem Sinne ist die Gesamtheit aller schönen Blumen auf einer Wiese keine Menge, es sei denn, es ist formal geklärt, welche Blumen „schön" sind.

Folgende Notation wird benutzt, um auszudrücken, dass ein Objekt ein bzw. kein Element einer gegebenen Menge ist.

Notation 2.1

(i) Ist x ein Element der Menge M, so schreibt man $x \in M$.
(ii) Ist x kein Element der Menge M, so schreibt man $x \notin M$.

Definition 2.1 Die Menge, die kein Element enthält, heißt *leere Menge*. Sie wird bezeichnet mit dem Symbol $\emptyset$ oder $\{\}$.

Mengen können in *aufzählender Form* oder in *beschreibender Form* angegeben werden.

Beispiel 2.3

(i) Drei Mengen in aufzählender Form:
 (a) $A = \{1, 2, 4, 5, 10, 20\}$,
 (b) $B = \{2, 4, 6, 8, \ldots\}$,
 (c) $C = \{0, 1\}$.

(ii) Die gleichen Mengen in beschreibender Form:
 (a) $A = \{n \in \mathbb{N} : n \text{ teilt } 20\}$,
 (b) $B = \{n \in \mathbb{N} : n \text{ ist gerade}\} = \{2k : k \in \mathbb{N}\}$,
 (c) $C = \{x \in \mathbb{R} : x = x^2\}$.

Bei der beschreibenden Form sind die Elemente oft als spezielle Elemente einer weiteren Menge angegeben (z. B. $\mathbb{N}$, $\mathbb{R}$ usw.), für die bestimmte Bedingungen gelten. Die große Menge heißt dabei *Grundmenge*.

Beispiel 2.4

(i) $\{x \in \mathbb{Q} : x^2 = 2\} = \emptyset$,
(ii) $\{x \in \mathbb{R} : x^2 = 2\} = \{\pm\sqrt{2}\}$.

Statt „:" wird auch „|" geschrieben, z. B. $\{x \in \mathbb{R} \mid x^2 = 2\}$. Gelesen wird: „für die gilt".

Das nächste Beispiel illustriert Notation 2.1.

Beispiel 2.5

(i) $A = \{1, 2, 4, 5, 10, 20\}$, $5 \in A$, $6 \notin A$.
(ii) $B = \{n \in \mathbb{N} : n \text{ ist gerade}\}$, $12 \in B$, $25 \notin B$.

2.2 Mengenrelationen

Definition 2.2 Zwei Mengen A und B heißen *gleich,* wenn jedes Element von A auch Element von B ist und jedes Element von B auch Element von A ist. Wir schreiben dann $A = B$.

Gilt dies nicht, so schreibt man $A \neq B$.

Beispiel 2.6

(i) Mit $A = \left\{\frac{1}{n} : n \in \mathbb{N}\right\}$ und $B = \left\{1, \frac{1}{2}, \frac{1}{3}, \frac{1}{4}, \ldots\right\}$ gilt $A = B$.
(ii) $\mathbb{N} \neq \mathbb{Q}$, da $\frac{2}{3} \in \mathbb{Q}$, aber $\frac{2}{3} \notin \mathbb{N}$.

Definition 2.3 Eine Menge A heißt *Teilmenge* einer Menge B, wenn jedes Element von A auch Element von B ist. Wir schreiben $A \subset B$ oder $A \subseteq B$. Die Menge B heißt in diesem Fall *Obermenge*.

Bemerkung 2.1

(i) Jede Menge ist eine Teilmenge von sich selbst. Jede Menge ist eine Obermenge von sich selbst.
(ii) Die leere Menge ist eine Teilmenge jeder Menge.

Beispiel 2.7

(i) $\{1, 2, 4\} \subseteq \{1, 2, 3, 4, 5\}$,
(ii) $\mathbb{N} \subseteq \mathbb{R}$,
(iii) $\emptyset \subseteq \{1, 2, 4\}$.

Ist A eine Teilmenge von B und gibt es mindestens ein Element von B, das nicht zu A gehört, so heißt A eine *echte Teilmenge* von B. Manchmal wird „$\subset$" nur für echte Teilmengen verwendet. Manchmal benutzt man für echte Teilmengen das Zeichen „$\subsetneq$". B heißt dann eine *echte Obermenge* von A.

Abb. 2.1 $B \subseteq A$ dargestellt als Venn-Diagramm

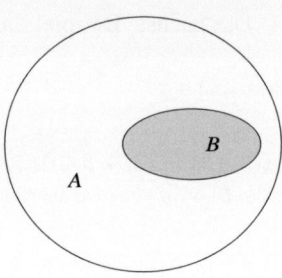

Beispiel 2.8

(i) $\{1, 2, 3\} \subset \{1, 2, 3, 4, 5\}$ ist eine echte Teilmenge.
(ii) $\{1, 2, 3\} \subseteq \{1, 2, 3\}$ ist hingegen keine echte Teilmenge.

Mengen werden oft anhand von *Venn-Diagrammen* wie in Abb. 2.1 veranschaulicht. In einem Venn-Diagramm werden Mengen als Ovale in der Ebene dargestellt. Beim Zeichnen eines Venn-Diagramms ist unbedingt zu beachten, dass die Mengen in *allgemeiner Lage* abgebildet werden: Alle möglichen Schnitte der Mengen müssen vorhanden sein.

Satz 2.1 *Sind $A \subseteq B$ und $B \subseteq C$, so gilt $A \subseteq C$.*

Bemerkung 2.2 Diese Eigenschaft heißt *Transitivität*.

Beweis Zu zeigen ist die Implikation $x \in A \implies x \in C$. (Mehr zu Implikationen werden wir in Kap. 3 „Logik und Beweise" lernen.) Es gilt

$$x \in A \implies x \in B \text{ (weil } A \subseteq B\text{)},$$
$$x \in B \implies x \in C \text{ (weil } B \subseteq C\text{)}.$$

Aus $x \in A$ folgt also $x \in C$, und hiermit ist $A \subseteq C$ bewiesen. □

Bemerkung 2.3 Das Symbol □ wird oft als Zeichen für das Ende eines Beweises verwendet.

Satz 2.2 *Zwei Mengen A und B sind genau dann gleich, wenn $A \subseteq B$ und $B \subseteq A$.*

Beweis Die Aussage ist eine Äquivalenz, denn zu zeigen ist

$$(A = B) \iff (A \subseteq B \text{ und } B \subseteq A).$$

(Mehr zu Äquivalenzen in Kap. 3 „Logik und Beweise".) In diesem Fall muss man beide Implikationsrichtungen beweisen. Wir beginnen mit der ersten Implikation.

2.2 Mengenrelationen

$\Longrightarrow$ Zu zeigen: $(A = B) \Longrightarrow (A \subseteq B$ und $B \subseteq A)$. Dies folgt sofort aus $A \subseteq A$.
$\Longleftarrow$ Zu zeigen: $(A \subseteq B$ und $B \subseteq A) \Longrightarrow (A = B)$. Aus der Definition der Teilmenge folgt, dass $x \in A \Longrightarrow x \in B$ und $x \in B \Longrightarrow x \in A$. Daraus folgt, dass $x \in A \Longleftrightarrow x \in B$, das heißt: x ist genau dann Element von A, wenn x Element von B ist. Das ist die Definition der Relation $A = B$. □

Satz 2.2 wird oft benutzt, um Gleichheit $A = B$ von zwei Mengen A und B zu zeigen. Man zeigt die beiden Inklusionen $A \subseteq B$ und $B \subseteq A$.

Dieses Vorgehen wird anhand des folgenden Beispiels 2.10 illustriert. Wir beginnen mit einigen Begriffen.

Definition 2.4 Seien $a, b \in \mathbb{Z}$ zwei vorgegebene Zahlen. *a teilt b*, wenn es ein $n \in \mathbb{Z}$ gibt, sodass $na = b$ gilt. Man sagt auch: a ist ein *Teiler* von b. Wir schreiben dann $a|b$ (gelesen „a teilt b").

Beispiel 2.9 (Teilbarkeit)

(i) $3|27$, da $9 \cdot 3 = 27$.
(ii) $-5|25$, da $(-5) \cdot (-5) = 25$.
(iii) 1 teilt jede Zahl $a \in \mathbb{Z}$, da $a \cdot 1 = a$.

Definition 2.5 Eine Zahl $a \in \mathbb{Z}$ heißt *gerade*, wenn $2|a$. Eine Zahl, die nicht gerade ist, heißt *ungerade*.

Beispiel 2.10 Die Menge aller geraden Zahlen, die durch 3 teilbar sind, und die Menge aller ganzen Zahlen, die durch 6 teilbar sind, sind gleich.

Beweis a ist gerade genau dann, wenn $2|a$. Wir betrachten also die Mengen $A = \{a \in \mathbb{Z} : 2|a \text{ und } 3|a\}$ und $B = \{a \in \mathbb{Z} : 6|a\}$. Zu zeigen ist demnach $A = B$. Nach Satz 2.2 genügt es zu zeigen, dass $A \subseteq B$ und $B \subseteq A$.

$A \subseteq B$: Zu zeigen ist die Implikation $a \in A \Longrightarrow a \in B$. Aus $a \in A$ folgt, dass $2|a$ und $3|a$. Aus $2|a$ folgt, dass es ein $n \in \mathbb{Z}$ gibt mit $a = 2n$, insbesondere also $3|(2n)$. Wir benutzten den folgenden Fakt: Eine Primzahl p teilt das Produkt xy genau dann, wenn p eine der Zahlen x, y teilt (s. Satz 5.5 in Kap. 5). Da nun gelten muss, dass $3|(2n)$, aber $3 \nmid 2$, folgt es, dass $3|n$. Folglich existiert ein $m \in \mathbb{Z}$ mit $n = 3m$. Dann gilt $a = 2n = 2 \cdot 3m = 6m$, also $6|a$ und somit $a \in B$.

$B \subseteq A$: Es gelte $a \in B$, d.h. $6|a$. Dann ist $a = 6n$ mit $n \in \mathbb{Z}$. Dann gilt aber $a = 2 \cdot (3n) = 2m$ mit $m = 3n \in \mathbb{Z}$ und auch $a = 3 \cdot (2n) = 3\ell$ mit $\ell = 2n \in \mathbb{Z}$. Also $2|a$ und $3|a$. Das bedeutet, dass $a \in A$. □

Über Teilbarkeit werden wir in Kap. 5 „Elementare Zahlentheorie" genauer reden!

Definition 2.6 Sei M eine Menge. Die *Potenzmenge* $P(M)$ von M ist die Menge aller Teilmengen von M.

Beispiel 2.11 (Potenzmenge) Sei $M = \{0, 1\}$. Es gilt $P(M) = \{\emptyset, \{0\}, \{1\}, \{0, 1\}\}$.

Bemerkung 2.4 $P(\emptyset) = \{\emptyset\}$ (die Menge, die die leere Menge enthält).

2.3 Mengenoperationen

Mengen kann man miteinander verknüpfen. Die drei wichtigsten Verknüpfungen sind in der unten stehenden Definition eingeführt.

Definition 2.7 Seien A und B Mengen.

(i) Die *Vereinigung* $A \cup B$ von A und B besteht aus allen Elementen, die in A oder in B liegen:
$$A \cup B = \{x : x \in A \text{ oder } x \in B\}.$$

(ii) Die *Schnittmenge* (der *Durchschnitt*) von A und B besteht aus allen Elementen, die sowohl in A als auch in B liegen:
$$A \cap B = \{x : x \in A \text{ und } x \in B\}.$$

(iii) Die *Differenzmenge* $A \setminus B$ besteht aus allen Elementen, die in A aber nicht in B liegen:
$$A \setminus B = \{x : x \in A \text{ und } x \notin B\}.$$

In Abb. 2.2 sind Venn-Diagramme abgebildet, welche die drei oben definierten Mengenoperationen veranschaulichen.

Beispiel 2.12 (Mengenoperationen) Es seien $A = \{1, 2, 3, 6\}$ und $B = \{1, 2, 7, 10\}$. Dann ergeben sich als Vereinigung, Schnittmenge sowie Differenz die Mengen

$$A \cup B = \{1, 2, 3, 6, 7, 10\}, \quad A \cap B = \{1, 2\}, \quad A \setminus B = \{3, 6\}, \quad B \setminus A = \{7, 10\}.$$

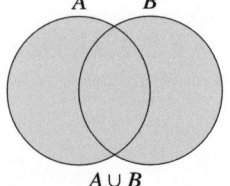 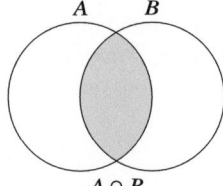 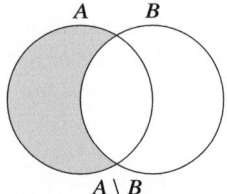

Abb. 2.2 Links: $A \cup B$, mitte: $A \cap B$, rechts: $A \setminus B$

2.3 Mengenoperationen

Definition 2.8 Die *Komplementmenge* $\overline{A}$ der Menge A bezüglich einer Grundmenge G ist die Menge aller Elemente in G, die nicht zu A gehören:

$$\overline{A} = \{x \in G : x \notin A\}.$$

Weitere Schreibweisen für die Komplementmenge sind $\complement A$, $A^\complement$, A'.

Wir begegnen hier einer Situation, die in der Mathematik nicht selten vorkommt: Für ein Objekt sind mehrere Notationen im Umlauf. Andersherum kann es passieren, dass die gleiche Notation für verschiedene Objekte benutzt wird. Damit muss man leben. Wenn man einen mathematischen Text liest, soll man sich im Klaren sein, welche Notationen die Autoren verwenden.

Bemerkung 2.5 $\overline{A} = G \setminus A$.

Die Komplementmenge wird im Venn-Diagramm in Abb. 2.3 veranschaulicht.

Beispiel 2.13 (Komplementmenge)

(i) Es sei $G = \{1, 2, 3, 4, 5, 6, 7, 8, 9, 10\}$. Dann sind mit A und B wie in Beispiel 2.12
$$\overline{A} = \{4, 5, 7, 8, 9, 10\}, \quad \overline{B} = \{3, 4, 5, 6, 8, 9\}.$$

(ii) Mit $G = \mathbb{Z}$ und $C = \{n \in \mathbb{Z} : n \text{ gerade}\}$ folgt $\overline{C} = \{n \in \mathbb{Z} : n \text{ ungerade}\}$. Betrachtet man aber $G = \mathbb{R}$, so folgt $\overline{C} = \bigcup_{n \in \mathbb{Z}}(2n, 2n + 2)$.

Definition 2.9 Die *symmetrische Differenz* der Mengen A und B ist definiert durch die Formel

$$A \triangle B = (A \setminus B) \cup (B \setminus A).$$

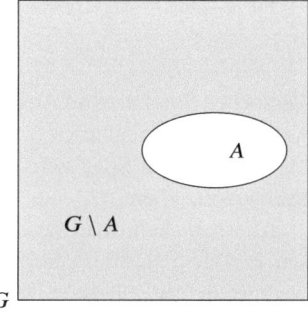

Abb. 2.3 Komplementmenge $\overline{A}$ mit zugehöriger Grundmenge G

Abb. 2.4 Symmetrische Differenz $A \triangle B$

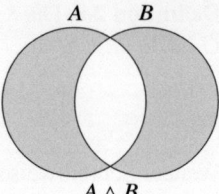

Das Venn-Diagramm zur symmetrischen Differenz ist in Abb. 2.4 zu finden.

Beispiel 2.14 (**Symmetrische Differenz**) Unter Wiederbenutzung der Mengen aus Beispiel 2.12 ergibt sich $A \triangle B = \{3, 6, 7, 10\}$.

Wir sehen in der Abbildung, dass die symmetrische Differenz der Mengen A und B die Menge aller Elemente ist, die in A oder in B, aber nicht in den beiden Mengen liegen. Diese Tatsache formulieren wir als Satz.

Satz 2.3 *Es gilt* $A \triangle B = (A \cup B) \setminus (A \cap B)$.

Beweis Wir nehmen an, dass $x \in A \triangle B$, und nehmen einige elementare Umformungen vor:

$$
\begin{aligned}
x \in A \triangle B &\iff x \in (A \setminus B) \cup (B \setminus A) \\
&\iff x \in A \setminus B \text{ oder } x \in B \setminus A \\
&\iff (x \in A \text{ und } x \notin B) \text{ oder } (x \in B \text{ und } x \notin A) \\
&\iff (x \in A \text{ oder } x \in B) \text{ und } (x \in A \text{ oder } x \notin A) \\
&\quad \text{ und } (x \notin B \text{ oder } x \in B) \\
&\quad \text{ und } (x \notin B \text{ oder } x \notin A) \\
&\iff (x \in A \text{ oder } x \in B) \text{ und } (x \notin B \text{ oder } x \notin A) \\
&\iff x \in A \cup B \text{ und } x \notin A \cap B \\
&\iff x \in (A \cup B) \setminus (A \cap B) \text{ (was zu zeigen war).}
\end{aligned}
$$

Versuchen Sie, einzelne Äquivalenzen zu verstehen. In Kap. 3 „Logik und Beweise" werden wir kennenlernen, wie man mit den Verknüpfungen „und" und „oder" systematisch arbeitet. Spätestens da wird man in der Lage sein, diesen Beweis komplett nachzuvollziehen.

Alternativ kann man diese Aussage unter Verwendung einer Wahrheitstafel beweisen. In den Spalten der Wahrheitstafel wird der Wahrheitswert der jeweiligen Aussage angegeben („w" für wahr und „f" für falsch). Die Zeilen entsprechen verschiedenen Fällen. Auch Wahrheitstafeln werden wir in Kap. 3 genauer betrachten.

2.3 Mengenoperationen

$x \in A$	$x \in B$	$x \in A \setminus B$	$x \in B \setminus A$	$x \in A \triangle B$	$x \in A \cup B$	$x \in A \cap B$	$x \in (A \cup B) \setminus (A \cap B)$
w	w	f	f	f	w	w	f
w	f	w	f	w	w	f	w
f	w	f	w	w	w	f	w
f	f	f	f	f	f	f	f

Für jede der Aussagen „$x \in A$" und „$x \in B$" haben wir zwei Möglichkeiten: wahr oder falsch. Insgesamt ergeben sich vier Fälle, welche den vier Zeilen der Tafel entsprechen. Ausgehend von den Voraussetzungen bezüglich der Wahrheit der Aussagen $x \in A$ und $x \in B$, überprüft man die Wahrheit weiterer Aussagen in der jeweiligen Zeile.

Wir sehen nun, dass die Spalten für die linke Seite $x \in A \triangle B$ und für die rechte Seite $x \in (A \cup B) \setminus (A \cap B)$ übereinstimmen. Das bedeutet, dass die entsprechenden Mengen gleich sind. □

Die symmetrische Differenz wird nicht sehr oft verwendet.
Eine besondere Rolle spielen *Zahlenmengen*:

(i) $\mathbb{N} = \{1, 2, 3, \ldots\}$ bezeichnet die Menge der *natürlichen Zahlen*.
Manche Autoren benutzen die Menge $\mathbb{N}_0 = \mathbb{N} \cup \{0\} = \{0, 1, 2, 3, \ldots\}$ der natürlichen Zahlen mit Null.
(ii) $\mathbb{Z} = \{\ldots, -3, -2, -1, 0, 1, 2, 3, \ldots\}$ bezeichnet die Menge der *ganzen Zahlen*.
(iii) $\mathbb{Q} = \left\{ \dfrac{m}{n} : m \in \mathbb{Z},\ n \in \mathbb{N} \right\}$ bezeichnet die Menge der *rationalen Zahlen*.
(iv) $\mathbb{R}$ bezeichnet die Menge der *reellen Zahlen*. Um diese formal korrekt einzuführen, benötigt man allerdings tiefgreifende Kenntnisse aus der Analysis. Darauf wird in diesem Buch verzichtet.

Um spezielle Teilmengen von $\mathbb{R}$ kompakter schreiben zu können, definieren wir sogenannte *Intervalle*.

Notation 2.2 Seien $a, b \in \mathbb{R}$. Zunächst sprechen wir von *endlichen Intervallen*:

$$\text{abgeschlossen } [a, b] = \{x \in \mathbb{R} : a \leq x \leq b\},$$
$$\text{offen } (a, b) =]a, b[= \{x \in \mathbb{R} : a < x < b\},$$
$$\text{halboffen } (a, b] =]a, b] = \{x \in \mathbb{R} : a < x \leq b\},$$
$$[a, b) = [a, b[= \{x \in \mathbb{R} : a \leq x < b\}.$$

Darüber hinaus führen wir *unendliche Intervalle* ein:

$$(-\infty, a) = \{x \in \mathbb{R} : x < a\},$$
$$(-\infty, a] = \{x \in \mathbb{R} : x \leq a\},$$
$$(a, \infty) = \{x \in \mathbb{R} : x > a\},$$
$$[a, \infty) = \{x \in \mathbb{R} : x \geq a\},$$
$$(-\infty, \infty) = \mathbb{R}.$$

Dabei sind die Zeichen „$(-\infty$" und „$\infty)$" als Symbole zu verstehen.

Beispiel 2.15 (Mengenoperationen für Zahlenmengen)

(i) $(2, 4) \cup (3, 7) = (2, 7)$,
(ii) $(2, 4) \setminus (3, 7) = (2, 3]$,
(iii) $(2, 4) \cap (3, 7) = (3, 4)$,
(iv) $\overline{(2, 4)} = (-\infty, 2] \cup [4, \infty)$,
(v) $(3, 7) \cap \mathbb{N} = \{4, 5, 6\}$,
(vi) $\mathbb{Z} \setminus [2, 4] = \{\ldots, -2, -1, 0, 1, 5, 6, 7, \ldots\}$,
(vii) $\mathbb{R} \setminus [-2, \infty) = (-\infty, -2)$,
(viii) $(-\infty, 1] \cup [0, \infty) = \mathbb{R}$,
(ix) $(-\infty, 1) \triangle [0, \infty) = (-\infty, 0) \cup [1, \infty)$.

Nun beschäftigen wir uns mit Rechenregeln für Mengenoperationen.

Satz 2.4 (Rechenregeln für Mengenoperationen) *Seien A, B und C Mengen in einer Grundmenge G. Die mengentheoretischen Operationen Vereinigung, Schnittmenge und Komplementmenge erfüllen die folgenden Rechengesetze:*

- *Kommutativität:* $A \cup B = B \cup A$, $A \cap B = B \cap A$.
- *Assoziativität:* $A \cup (B \cup C) = (A \cup B) \cup C$, $A \cap (B \cap C) = (A \cap B) \cap C$.
- *Distributivität:* $A \cup (B \cap C) = (A \cup B) \cap (A \cup C)$, $A \cap (B \cup C) = (A \cap B) \cup (A \cap C)$.
- *Verschmelzungsgesetze:* $A \cup (B \cap A) = A$, $A \cap (B \cup A) = A$.
- *Idempotenzgesetze:* $A \cup A = A$, $A \cap A = A$.
- *Neutralität:* $A \cup \emptyset = A$, $A \cap G = A$.
- *Absorption:* $A \cup G = G$, $A \cap \emptyset = \emptyset$.
- *Komplementarität:* $A \cup \overline{A} = G$, $A \cap \overline{A} = \emptyset$.
- *Dualität:* $\overline{\emptyset} = G$, $\overline{G} = \emptyset$.
- *Gesetze von De Morgan:* $\overline{A \cup B} = \overline{A} \cap \overline{B}$, $\overline{A \cap B} = \overline{A} \cup \overline{B}$.

Bemerkung 2.6 Die Teilmengen einer Grundmenge G bilden mit den Operationen Vereinigung, Schnittmenge und Komplementmenge eine Struktur, welche *boolesche Algebra* heißt.

Bemerkung 2.7 Die Gesetze, die das Komplement enthalten, können für Differenzen umgeschrieben werden.

Beweis Die Beweise erfolgen exemplarisch. Weitere Beispiele folgen in den Aufgaben.

(i) Wir zeigen zunächst $A \cup (B \cap C) = (A \cup B) \cap (A \cup C)$. Wir werden mit logischen Schlussfolgerungen argumentieren; alternativ könnte man die Aussage mithilfe einer Wahrheitstafel beweisen.
Wir erstellen eine Kette von Äquivalenzen:

$$\begin{aligned}
x \in A \cup (B \cap C) &\iff x \in A \text{ oder } (x \in B \cap C) \\
&\iff x \in A \text{ oder } (x \in B \text{ und } x \in C) \\
&\iff (x \in A \text{ oder } x \in B) \text{ und } (x \in A \text{ oder } x \in C) \\
&\iff x \in A \cup B \text{ und } x \in A \cup C \\
&\iff x \in (A \cup B) \cap (A \cup C).
\end{aligned}$$

Zum tieferen Verständnis gehen wir nun der Frage nach, wie man die Äquivalenz

$$x \in A \text{ oder } (x \in B \text{ und } x \in C) \iff (x \in A \text{ oder } x \in B) \text{ und } (x \in A \text{ oder } x \in C)$$

begründen kann, ohne die Rechenregeln für „und" und „oder" zu benutzen (die entsprechenden Rechenregeln werden wir im Kap. 3 „Logik und Beweise" kennenlernen).
$\implies$ Es gelte $x \in A$ oder $(x \in B$ und $x \in C)$. Zu zeigen: $(x \in A$ oder $x \in B)$ und $(x \in A$ oder $x \in C)$. Wir betrachten zwei Fälle.
1. Fall: $x \in A$.

$x \in A$ oder $x \in B$	w
$x \in A$ oder $x \in C$	w
$(x \in A$ oder $x \in B)$ und $(x \in A$ oder $x \in C)$	w

2. Fall: $x \in B$ und $x \in C$.

$x \in A$ oder $x \in B$	w
$x \in A$ oder $x \in C$	w
$(x \in A$ oder $x \in B)$ und $(x \in A$ oder $x \in C)$	w

$\impliedby$ Es gelte $(x \in A$ oder $x \in B)$ und $(x \in A$ oder $x \in C)$. Zu zeigen: $x \in A$ oder $(x \in B$ und $x \in C)$. Auch hier betrachten wir mehrere Fälle.
1. Fall: $x \in A$. Dann ist die Aussage $x \in A$ oder $(x \in B$ und $x \in C)$ wahr, da die vordere Bedingung aufgrund $x \in A$ immer erfüllt ist.
2. Fall: $x \in B$. Aufgrund der zweiten Bedingung $(x \in A$ oder $x \in C)$ haben wir zwei Möglichkeiten:

 Fall 2.1: $x \in B$ und $x \in A$. Dann ist die Aussage $x \in A$ oder $(x \in B$ und $x \in C)$ wahr, da auch hier $x \in A$.
 Fall 2.2: $x \in B$ und $x \in C$. Dann ist die Aussage $x \in A$ oder $(x \in B$ und $x \in C)$ wahr, da die zweite Bedingung sicher erfüllt ist.

(ii) Im folgenden Schritt zeigen wir die Identität $A \cap (B \cup A) = A$. Es gilt

$$x \in A \cap (B \cup A) \iff x \in A \text{ und } x \in B \cup A$$
$$\iff x \in A \text{ und } (x \in B \text{ oder } x \in A)$$
$$\iff (x \in A \text{ und } x \in B) \text{ oder } x \in A$$
$$\iff x \in A.$$

(iii) Wir zeigen, dass $A \cup \overline{A} = G$. Es gilt

$$x \in A \cup \overline{A} \iff x \in A \text{ oder } x \in \overline{A}$$
$$\iff x \in A \text{ oder } x \notin A,$$

was für alle x erfüllt ist. Also gilt $x \in A$ oder $x \notin A \iff x \in G$.

(iv) Wir zeigen, dass $\overline{(\overline{A})} = A$. In der Tat,

$$x \in \overline{(\overline{A})} \iff x \notin \overline{A} = \{y : y \notin A\} \iff x \in A.$$

(v) Schließlich zeigen wir, dass $\overline{A \cup B} = \overline{A} \cap \overline{B}$. Es gilt

$$x \in \overline{A \cup B} \iff x \notin A \cup B = \{y : y \in A \text{ oder } y \in B\}$$
$$\iff x \notin A \text{ und } x \notin B \iff x \in \overline{A} \cap \overline{B}. \qquad \Box$$

Beispiel 2.16 Wir betrachten die folgende Aufgabe: Prüfen Sie anhand von Venn-Diagrammen, ob nachfolgende Mengenidentitäten stimmen. Wenn eine Mengenidentität richtig ist, beweisen Sie diese. Sollte sie falsch sein, geben Sie ein Gegenbeispiel an.

(i) $(A \setminus B) \cup (A \setminus C) \subseteq A$.

Diese Formel ist korrekt. Das Venn-Diagramm ist in Abb. 2.5 abgebildet.
Wir beweisen die Formel mittels einer Reihe von Implikationen:

$$x \in (A \setminus B) \cup (A \setminus C) \implies x \in A \setminus B \text{ oder } x \in A \setminus C$$
$$\implies (x \in A \text{ und } x \notin B) \text{ oder } (x \in A \text{ und } x \notin C)$$
$$\implies x \in A.$$

Abb. 2.5 Beispiel 2.16: $(A \setminus B) \cup (A \setminus C) \subseteq A$

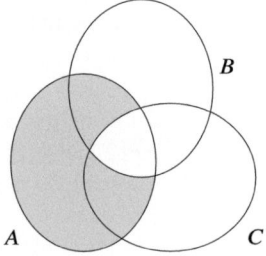

Abb. 2.6 $M \cup N = (M \setminus N) \cup (M \cap N) \cup (N \setminus M)$

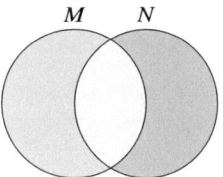

(ii) Gilt vielleicht sogar, dass $(A \setminus B) \cup (A \setminus C) = A$?
Das Venn-Diagramm in Abb. 2.5 widerlegt die Vermutung. Diese Formel ist im Allgemeinen falsch.
Unten geben wir ein Beispiel der Zahlenmengen, welches beweist, dass die Vermutung falsch ist. Solche Beispiele heißen *Gegenbeispiele*. Seien

$$A = \{1, 2, 3, 4, 5\}, \quad B = \{2, 3\}, \quad C = \{3, 4\}.$$

Es gilt

$$A \setminus B = \{1, 4, 5\}, \quad A \setminus C = \{1, 2, 5\},$$

und somit

$$(A \setminus B) \cup (A \setminus C) = \{1, 2, 4, 5\} \neq A.$$

(iii) Wie korrigiert man die Formel in (ii), damit sie stimmt? Das Venn-Diagramm in Abb. 2.5 liefert die Vermutung, dass

$$(A \setminus B) \cup (A \setminus C) = A \setminus (B \cap C).$$

Wir beweisen diese Formel mittels einer Reihe von Äquivalenzen:

$$\begin{aligned} x \in (A \setminus B) \cup (A \setminus C) &\iff x \in A \setminus B \text{ oder } x \in A \setminus C \\ &\iff (x \in A \text{ und } x \notin B) \text{ oder } (x \in A \text{ und } x \notin C) \\ &\iff x \in A \text{ und } (x \notin B \text{ oder } x \notin C) \\ &\iff x \in A \text{ und } (x \notin B \cap C = \{y : y \in B \text{ und } y \in C\}) \\ &\iff x \in A \setminus (B \cap C). \end{aligned}$$

Mengenidentitäten in (i) und (iii) können alternativ anhand Wahrheitstafeln bewiesen werden.

Beispiel 2.17 (Partition)
Es gilt

$$M \cup N = (M \setminus N) \cup (M \cap N) \cup (N \setminus M)$$

(s. Abb. 2.6).

Wir beweisen diese Identität mittels einer Wahrheitstafel, wobei wir in der letzten Spalte die Abkürzung $R = (M \setminus N) \cup (M \cap N) \cup (N \setminus M)$ benutzen.

$x \in M$	$x \in N$	$x \in M \cup N$	$x \in M \setminus N$	$x \in M \cap N$	$x \in N \setminus M$	$x \in R$
w	w	w	f	w	f	w
w	f	w	w	f	f	w
f	w	w	f	f	w	w
f	f	f	f	f	f	f

Also insgesamt $x \in M \cup N \iff x \in (M \setminus N) \cup (M \cap N) \cup (N \setminus M)$.

Definition 2.10 Zwei Mengen A und B heißen *disjunkt (elementfremd)*, wenn $A \cap B = \emptyset$.

Definition 2.11 Eine Familie $\{A_1, \ldots, A_n\}$ der Teilmengen einer Menge M heißt *Partition*, wenn

(i) $A_1 \cup A_2 \cup \ldots \cup A_n = M$ und
(ii) $A_i \cap A_j = \emptyset, i \neq j$.

Beispiel 2.18 (Partition)

(i) Es sei $M = \{1, 2, 3, 4, 5\}$. Dann ist $\{\{1, 2\}, \{3\}, \{4, 5\}\}$ eine Partition.
(ii) Wir betrachten wieder Beispiel 2.17. Die Familie $\{M \setminus N, M \cap N, N \setminus M\}$ ist eine Partition von $M \cup N$. Denn es folgt aus der Wahrheitstafel, dass die Mengen $M \setminus N$, $M \cap N$ und $N \setminus M$ paarweise elementfremd sind.

2.4 Kartesisches Produkt zweier Mengen

Gegeben seien zwei Mengen A und B. Die Paare der Form (a, b) mit $a \in A$ und $b \in B$ heißen *geordnete Paare*. An erster Stelle steht ein Element von A, an der zweiten ein Element von B. Zwei geordnete Paare (a, b) und (a', b') sind gleich, wenn $a = a'$ und $b = b'$.

Definition 2.12 Das *kartesische Produkt* zweier Mengen A und B ist die Menge aller geordneten Paare (a, b) mit $a \in A$ und $b \in B$:

$$A \times B = \{(a, b) : a \in A \text{ und } b \in B\}.$$

Bemerkung 2.8 Im Allgemeinen gilt $A \times B \neq B \times A$.

Beispiel 2.19 (Kartesisches Produkt)

(i) Seien $A = \{1\}$, $B = \{2\}$. Dann sind $A \times B = \{(1, 2)\}$ und $B \times A = \{(2, 1)\}$.

Abb. 2.7 Kartesisches Produkt in Beispiel 2.19 (ii)

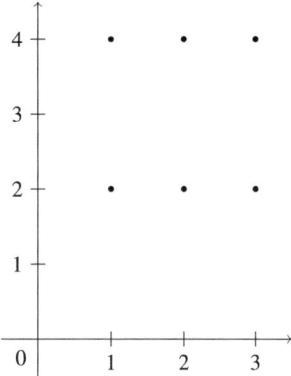

(ii) Seien $A = \{1, 2, 3\}$, $B = \{2, 4\}$. Dann ist

$$A \times B = \{(1, 2), (1, 4), (2, 2), (2, 4), (3, 2), (3, 4)\}.$$

(iii) $[0, 1] \times [0, 1]$ ist das Quadrat $\{(x, y) : 0 \leq x \leq 1 \text{ und } 0 \leq y \leq 1\}$.
(iv) $\mathbb{R} \times \mathbb{R} = \mathbb{R}^2$ ist die Ebene.

Sind A und B Zahlenmengen, kann man das kartesische Produkt $A \times B$ auf der Ebene veranschaulichen. Beispielsweise stellen wir das kartesische Produkt aus Beispiel 2.19 (ii) in Abb. 2.7 dar.

2.5 Kardinalität einer endlichen Menge

Definition 2.13 Sei M eine endliche Menge. Die Anzahl der Elemente in M heißt die *Kardinalität (Mächtigkeit)* der Menge M. Schreibweise: $|M|$ oder $\#M$.
Insbesondere hat die leere Menge die Kardinalität Null: $|\emptyset| = 0$.

Beispiel 2.20 (Kardinalität)

(i) Sei $A = \{1, 2, 3, 4, 5\}$, dann $|A| = 5$.
(ii) Sei B die Menge der Buchstaben des Wortes „Mathematik", wobei wir nicht zwischen Groß- und Kleinschreibung unterscheiden. D.h. $B = \{a, e, h, i, k, m, t\}$. Dann gilt $|B| = 7$.

Lemma 2.1 *Sind A und B disjunkt, also $A \cap B = \emptyset$, so gilt*

$$|A \cup B| = |A| + |B|.$$

Beweis Es bestehe A aus n Elementen und B bestehe aus m Elementen:

$$|A| = n, \quad |B| = m.$$

Da nun nach Annahme A und B keine gemeinsamen Elemente haben, folgt, dass $A \cup B$ aus genau $n + m$ Elementen besteht:

$$|A + B| = n + m.$$

□

Satz 2.5 *Seien A und B Mengen, dann gilt*

(i) $|A \setminus B| = |A| - |A \cap B|$,
(ii) $|A \cup B| = |A| + |B| - |A \cap B|$.

Beweis Wir beweisen die beiden Aussagen in zwei separaten Teilen.

(i) Als Erstes stellen wir fest, dass

$$A \setminus B = A \setminus (A \cap B)$$

ist. In der Tat,

$$\begin{aligned} x \in A \setminus (A \cap B) &\iff x \in A \text{ und } x \notin A \cap B \\ &\iff x \in A \text{ und } (x \notin A \text{ oder } x \notin B) \\ &\iff x \in A \text{ und } x \notin B \\ &\iff A \setminus B. \end{aligned}$$

Seien nun $|A| = n$ und $|A \cap B| = m$, also haben A und B genau m gemeinsame Elemente. Dann besteht $A \setminus B = \{x : x \in A \text{ und } x \notin A \cap B\}$ aus genau $n - m$ Elementen, also

$$|A \setminus B| = n - m = |A| - |A \cap B|.$$

(ii) Wie wir in Beispielen 2.17 und 2.18 (ii) oben gesehen haben, gilt

$$A \cup B = (A \setminus B) \cup (A \cap B) \cup (B \setminus A).$$

Darüber hinaus sind diese Mengen disjunkt. Nach (i) gelten die Gleichungen

$$|A \setminus B| = |A| - |A \cap B| \quad \text{und} \quad |B \setminus A| = |B| - |A \cap B|.$$

Mit dem Lemma 2.1 folgt dann, dass

$$\begin{aligned} |A \cup B| &= |A \setminus B| + |A \cap B| + |B \setminus A| \\ &= |A| - |A \cap B| + |A \cap B| + |B| - |A \cap B| \\ &= |A| + |B| - |A \cap B|. \end{aligned}$$

□

2.6 Aufgaben

2.1 Schreiben Sie folgende Mengen in aufzählender Form:

(a) $A = \{x \in \mathbb{N} : 3|x \text{ und } x < 25\}$,
(b) $B = \{x \in \mathbb{R} : x^2 - 4x - 5 = 0\}$,
(c) $C = \{x \in \mathbb{R} : x^2 + 2 = 0\}$,
(d) $D = \{2n - 1 : n \in \mathbb{N} \text{ und } 1 \leq n \leq 5\}$.

2.2 Schreiben Sie folgende Mengen in beschreibender Form:

(a) $A = \{4, 6, 8, 10, 12\}$,
(b) $B = \left\{\frac{1}{2}, \frac{2}{3}, \frac{3}{4}, \frac{4}{5}, \frac{5}{6}, \frac{6}{7}\right\}$,
(c) $C = \{0, 3, 8, 15, 24, 35\}$.

2.3

(a) Geben Sie die Potenzmenge $P(M)$ der Menge $M = \{a, b, c\}$ an.
(b) Eine Menge M bestehe aus n Elementen. Wie viele Elemente enthält ihre Potenzmenge $P(M)$?

2.4 Gegeben seien die Mengen

$$M_1 = \{4, 5, 12\}, \quad M_2 = \{2, 7, 12\}, \quad M_3 = \{1, 5, 7, 11\}, \quad M_4 = \{1, 5, 11, 13\}.$$

Bilden Sie die Menge $M = [(M_1 \cup M_2) \cap M_3] \setminus M_4$.

2.5 Gegeben seien die Intervalle

$$A = [-2, 0], \quad B = (-1, 1), \quad C = [0, 3).$$

(a) Geben Sie jedes Intervall als eine Menge in beschreibender Form an.
(b) Bestimmen Sie folgende Mengen: $A \cup B \cup C$, $A \cap B \cap C$, $\mathbb{R} \setminus A$, $\mathbb{R} \setminus C$, $B \setminus (A \cup C)$, $(A \cap B) \cup C$, $A \setminus (B \setminus C)$, $(A \setminus B) \setminus C$.

2.6 Beweisen Sie folgende Identitäten:

(a) $A \cap (B \cup C) = (A \cap B) \cup (A \cap C)$,
(b) $A \cup (B \cap A) = A$,
(c) $B \setminus (B \setminus A) = A \cap B$,
(d) $\overline{A \cap B} = \overline{A} \cup \overline{B}$.

2.7 Seien A und B zwei Mengen und es gelte $A \subseteq B$. Beweisen Sie, dass in diesem Fall $A \cup B = B$ und $A \cap B = A$.

2.8 Welche der folgenden Familien von Teilmengen der Menge $M = \{1, 2, 3, 4, 5\}$ stellen eine Partition der Menge M dar?

(a) $M_1 = \{1\}, M_2 = \{2\}, M_3 = \{3, 4, 5\}$,
(b) $M_1 = \{1, 2, 3\}, M_2 = \{3, 4, 5\}$,
(c) $M_1 = \{1, 2, 3\}, M_2 = \{5\}$.

2.9 Gegeben seien die Mengen $A = [1, 2], B = \{3\}, C = (0, 1], D = \{1, 2\}$. Skizzieren Sie die Mengen $A \times C, A \times B, (A \cup B) \times C, (A \cup B) \times D$.

Logik und Beweise 3

Das dritte Kapitel nimmt die zentrale Rolle in diesem Buch ein. In Abschn. 3.1 und 3.2 beschäftigen wir uns mit den Grundlagen der Aussagenlogik. Diese ist eine Basis für das mathematische Arbeiten. Im kurzen Abschn. 3.3 werden Quantoren vorgestellt. Sie werden zwar in der Logik formal eingeführt, oft aber auch weniger formal als eine Abkürzung bei Formulierungen verwendet. Im Abschn. 3.4 gehen wir auf verschiedene Beweistechniken ein und veranschaulichen sie durch viele Beispiele. Im abschließenden Abschn. 3.5 definieren wir die natürlichen Zahlen durch die Peano-Axiome und besprechen die vollständige Induktion.

3.1 Aussagen und logische Operatoren

Aussagen sind uns bereits im einführenden Kapitel begegnet; vollständigkeitshalber wiederholen wir hier die Definition.

Definition 3.1 Eine *Aussage* ist ein sprachliches Gebilde, das aufgrund seines Inhaltes entweder wahr oder falsch ist.

Beispiel 3.1 (Aussagen)

(i) Beispiele für Aussagen sind exemplarisch:

   (a) $2 > -1$.
   (b) Es gibt unendlich viele Primzahlen.

(ii) Keine Aussagen sind hingegen:

(a) $2+1$.
(b) Alles Gute zum Geburtstag!
(c) Wer geht heute in die Mensa?

Aussagen kann man miteinander verknüpfen. Verknüpfungen von Aussagen heißen *logische Operationen*. Diese werden mithilfe von Wahrheitstafeln definiert.

Definition 3.2 Seien a und b zwei Aussagen.

(i) Die *Negation* ordnet der Aussage a ihr logisches Gegenteil zu. Wir schreiben $\overline{a}$ oder $\neg a$. Formal ist sie durch die folgende Wahrheitstafel definiert:

a	$\neg a$
w	f
f	w

(ii) Die Verknüpfung von Aussagen mit der *Und-Verknüpfung (Konjunktion)* ist genau dann wahr, wenn beide damit verknüpften Aussagen wahr sind. Das zugehörige Symbol ist $\wedge$. Formal ist sie durch die folgende Wahrheitstafel definiert:

a	b	$a \wedge b$
w	w	w
w	f	f
f	w	f
f	f	f

(iii) Die Verknüpfung von Aussagen mit der *Oder-Verknüpfung (Disjunktion)* ist genau dann wahr, wenn mindestens eine der Aussagen wahr ist. Das Symbol für die Oder-Verknüpfung ist $\vee$. Formal ist sie durch die folgende Wahrheitstafel definiert:

a	b	$a \vee b$
w	w	w
w	f	w
f	w	w
f	f	f

Beispiel 3.2 (Logische Operationen)

(i) a: Frankfurt liegt am Main.
   $\neg a$: Frankfurt liegt nicht am Main.
(ii) b: $2+2=5$.
   $\neg b$: $2+2 \neq 5$.

3.1 Aussagen und logische Operatoren

(iii) c: Alle Vögel können fliegen.
$\neg c$: Es gibt Vögel, die nicht fliegen können.

(iv) Wir betrachten folgende Aussagen: u: 3 ist ungerade, g: 3 ist gerade, p: 3 ist eine Primzahl.
$u \wedge p$: 3 ist ungerade und eine Primzahl. (wahr)
$u \vee p$: 3 ist ungerade oder eine Primzahl. (wahr)
$g \wedge p$: 3 ist gerade und eine Primzahl. (falsch)
$g \vee p$: 3 ist gerade oder eine Primzahl. (wahr)

Bemerkung 3.1 Die Oder-Verknüpfung $\vee$ ist ein einschließendes Oder: $a \vee b$ bedeutet a oder b oder beides.

Satz 3.1 (Rechenregeln für logische Operationen)
Seien a, b, c drei Aussagen. Für die logischen Operationen Oder-Verknüpfung, Und-Verknüpfung und Negation gelten die folgenden Rechenregeln:

- *Kommutativität:* $a \vee b = b \vee a$, $a \wedge b = b \wedge a$.
- *Assoziativität:* $a \vee (b \vee c) = (a \vee b) \vee c$, $a \wedge (b \wedge c) = (a \wedge b) \wedge c$.
- *Distributivität:* $a \vee (b \wedge c) = (a \vee b) \wedge (a \vee c)$, $a \wedge (b \vee c) = (a \wedge b) \vee (a \wedge c)$.
- *Verschmelzungsgesetze:* $a \vee (b \wedge a) = a$, $a \wedge (b \vee a) = a$.
- *Idempotenzgesetze:* $a \vee a = a$, $a \wedge a = a$.
- *Neutralität:* $a \vee \text{f} = a$, $a \wedge \text{w} = a$.
- *Absorption:* $a \vee \text{w} = \text{w}$, $a \wedge \text{f} = \text{f}$.
- *Komplementarität:* $a \vee \neg a = \text{w}$, $a \wedge \neg a = \text{f}$.
- *Dualität:* $\neg \text{f} = \text{w}$, $\neg \text{w} = \text{f}$.
- *Doppelnegationsgesetz:* $\neg(\neg a) = a$.
- *Gesetze von De Morgan:* $\neg(a \vee b) = \neg a \wedge \neg b$, $\neg(a \wedge b) = \neg a \vee \neg b$.

Bemerkung 3.2 Die Gesetze für Aussagen mit den Operationen Oder-Verknüpfung, Und-Verknüpfung und Negation sind genau die gleichen wie für Mengen mit den Operationen Vereinigung, Schnittmenge und Komplementmenge. Dabei entsprechen Oder der Vereinigung, Und der Schnittmenge und Negation dem Komplement.

Beweis Exemplarisch folgen einige Beweise zu den obigen Aussagen. Die Beweise erfolgen mithilfe von Wahrheitstafeln. Weitere Beispiele folgen in den Aufgaben.

(i) Wir wollen zeigen: $a \vee b = b \vee a$. Dazu erstellen wir eine Wahrheitstafel. Stimmen die jeweiligen Spalten überein, gilt Gleichheit.

a	b	$a \vee b$	$b \vee a$
w	w	w	w
w	f	w	w
f	w	w	w
f	f	f	f

(ii) Zu zeigen: $a \wedge (b \wedge c) = (a \wedge b) \wedge c$. Zum Beweis betrachte folgende Wahrheitstafel.

a	b	c	$b \wedge c$	$a \wedge (b \wedge c)$	$a \wedge b$	$(a \wedge b) \wedge c$
w	w	w	w	w	w	w
w	w	f	f	f	w	f
w	f	w	f	f	f	f
w	f	f	f	f	f	f
f	w	w	w	f	f	f
f	w	f	f	f	f	f
f	f	w	f	f	f	f
f	f	f	f	f	f	f

Beachte, dass man für jede der Aussagen a, b und c jeweils zwei Möglichkeiten hat: w oder f. Damit ergeben sich insgesamt $2 \cdot 2 \cdot 2 = 8$ Fälle.

(iii) Zu zeigen: $a \vee (b \wedge c) = (a \vee b) \wedge (a \vee c)$. Der Beweis erfolgt mittels folgender Wahrheitstafel.

a	b	c	$b \wedge c$	$a \vee (b \wedge c)$	$a \vee b$	$a \vee c$	$(a \vee b) \wedge (a \vee c)$
w	w	w	w	w	w	w	w
w	w	f	f	w	w	w	w
w	f	w	f	w	w	w	w
w	f	f	f	w	w	w	w
f	w	w	w	w	w	w	w
f	w	f	f	f	w	f	f
f	f	w	f	f	f	w	f
f	f	f	f	f	f	f	f

(iv) Zu zeigen: $\neg(\neg a) = a$. Betrachte die folgende Wahrheitstafel.

a	$\neg a$	$\neg(\neg a)$
w	f	w
f	w	f

(v) Zu zeigen: $\neg(a \vee b) = \neg a \wedge \neg b$. Betrachte die folgende Wahrheitstafel.

a	b	$a \vee b$	$\neg(a \vee b)$	$\neg a$	$\neg b$	$\neg a \wedge \neg b$
w	w	w	f	f	f	f
w	f	w	f	f	w	f
f	w	w	f	w	f	f
f	f	f	w	w	w	w

□

3.1 Aussagen und logische Operatoren

Die Gesetze von De Morgan helfen, Negationen von Und- und Oder-Verknüpfungen zu bilden, wie in den folgenden Beispielen.

Beispiel 3.3 (Negationen)

(i) a: „Ich gehe in die Mensa oder in die Cafeteria". Setze $a = a_1 \vee a_2$ mit
  a_1: „Ich gehe in die Mensa" und
  a_2: „Ich gehe in die Cafeteria". Dann ist
  $\neg a = \neg a_1 \wedge \neg a_2$: „Ich gehe weder in die Mensa noch in die Cafeteria".
(ii) b: „Ich kaufe eine Flasche Wasser und eine Tasse Kaffee". Hier ist $b = b_1 \wedge b_2$ mit
  b_1: „Ich kaufe eine Flache Wasser" und
  b_2: „Ich kaufe eine Tasse Kaffee". Dann ist
  $\neg b = \neg b_1 \vee \neg b_2$: „Ich kaufe kein Wasser oder keinen Kaffee".
(iii) c: „Ich habe den Stift nicht mitgenommen oder verloren". Hier ist $c = c_1 \vee c_2$ mit
  c_1: „Ich habe den Stift nicht mitgenommen" und
  c_2: „Ich habe den Stift verloren". Dann ist
  $\neg c = \neg c_1 \wedge \neg c_2$: „Ich habe den Stift mitgenommen und nicht verloren".

Definition 3.3 Eine *boolesche Algebra* (oder ein *boolescher Verband*) ist eine nichtleere Menge B mit drei Verknüpfungen $\wedge$, $\vee$ und $\neg$ sowie zwei neutralen Elementen $0, 1 \in B$, sodass folgende Rechengesetze gelten: 1) Kommutativität, 2) Distributivität, 3) Neutralitätsgesetze, 4) Komplementaritätsgesetze.

Bemerkung 3.3 Alle anderen Rechengesetze lassen sich aus den oben genannten Gesetzen herleiten.

Beispiel 3.4 (Boolesche Algebra)

(i) Aussagen mit den Operationen Und-Verknüpfung, Oder-Verknüpfung und Negation, $0 = f$, $1 = w$.
(ii) Teilmengen einer Grundmenge G mit den Operationen Schnittmenge, Vereinigung und Komplementmenge, $0 = \emptyset$, $1 = G$.

Es gibt auch weitere Beispiele, auf die wir hier allerdings nicht näher eingehen.

Definition 3.4

(i) Eine Aussage, die notwendigerweise wahr ist, unabhängig von den Wahrheitswerten anderer Aussagen, nennt man *Tautologie*.
(ii) Eine Aussage, die notwendigerweise falsch ist, unabhängig von den Wahrheitswerten anderer Aussagen, nennt man *Widerspruch (Kontradiktion)*.

Beispiel 3.5 (Tautologie und Widerspruch)

(i) Folgende Aussagen sind Tautologien:

(a) $\neg a \vee a$.
(b) Sie singt oder sie singt nicht.
(c) Eine reelle Zahl x ist positiv oder negativ oder gleich Null.

(ii) Folgende Aussagen sind Widersprüche:

(a) $a \wedge \neg a$.
(b) Eine reelle Zahl x ist rational und irrational.
(c) Ich habe weniger als drei, aber mehr als fünf Bücher.

Bemerkung 3.4 Beim Beweis der Mengenidentitäten in Kap. 2 haben wir mit Und- und Oder-Verknüpfungen gearbeitet. Dies erfolgt mit den Rechenregeln für logische Operationen. Wir wiederholen hier einige Beweise aus Kap. 2, wobei wir die o.g. Rechenregeln formal anwenden. Übersichtlichkeitshalber verwenden wir hier die Wörter „und" und „oder" statt die Symbole „$\wedge$" und „$\vee$".

Beispiel 3.6 (Mengenidentitäten)

(i) Zu zeigen: $A \triangle B = (A \cup B) \setminus (A \cap B)$. Es gilt

$$
\begin{aligned}
x \in A \triangle B &\iff x \in (A \setminus B) \cup (B \setminus A) \\
&\iff x \in A \setminus B \text{ oder } x \in B \setminus A \\
&\iff (x \in A \text{ und } x \notin B) \text{ oder } (x \in B \text{ und } x \notin A) \\
&\iff (x \in A \text{ oder } (x \in B \text{ und } x \notin A)) \\
&\qquad \text{und } (x \notin B \text{ oder } (x \in B \text{ und } x \notin A)) \\
&\iff (x \in A \text{ oder } x \in B) \text{ und } (x \in A \text{ oder } x \notin A) \\
&\qquad \text{und } (x \notin B \text{ oder } x \in B) \text{ und } (x \notin B \text{ oder } x \notin A) \\
&\iff (x \in A \text{ oder } x \in B) \text{ und w und w und } (x \notin A \text{ oder } x \notin B) \\
&\iff x \in A \cup B \text{ und } (\neg(x \in A) \text{ oder } \neg(x \in B)) \\
&\iff x \in A \cup B \text{ und } \neg(x \in A \text{ und } x \in B) \\
&\iff x \in A \cup B \text{ und } \neg(x \in A \cap B) \\
&\iff x \in A \cup B \text{ und } x \notin A \cap B \\
&\iff x \in (A \cup B) \setminus (A \cap B).
\end{aligned}
$$

(ii) Zu zeigen: $A \cup (B \cap C) = (A \cup B) \cap (A \cup C)$. Es gilt

$$\begin{aligned}
x \in A \cup (B \cap C) &\iff x \in A \text{ oder } x \in B \cap C \\
&\iff x \in A \text{ oder } (x \in B \text{ und } x \in C) \\
&\iff (x \in A \text{ oder } x \in B) \text{ und } (x \in A \text{ oder } x \in C) \\
&\iff x \in A \cup B \text{ und } x \in A \cup C \\
&\iff x \in (A \cup B) \cap (A \cup C).
\end{aligned}$$

(iii) Zu zeigen: $\overline{A \cup B} = \overline{A} \cap \overline{B}$. Es gilt

$$\begin{aligned}
x \in \overline{A \cup B} &\iff x \notin A \cup B \\
&\iff \neg(x \in A \cup B) \\
&\iff \neg(x \in A \text{ oder } x \in B) \\
&\iff \neg(x \in A) \text{ und } \neg(x \in B) \\
&\iff x \in \overline{A} \text{ und } x \in \overline{B} \\
&\iff x \in \overline{A} \cap \overline{B}.
\end{aligned}$$

(iv) Zu zeigen: $M \cup N = (M \setminus N) \cup (M \cap N) \cup (N \setminus M)$.

Zur Vorbereitung betrachten wir den Ausdruck $(a \wedge b) \vee (c \wedge d) \vee (g \wedge h)$, wobei a, b, c, d, g, h Aussagen sind. Es gilt

$$\begin{aligned}
&(a \wedge b) \vee (c \wedge d) \vee (g \wedge h) \\
&= [a \vee (c \wedge d) \vee (g \wedge h)] \wedge [b \vee (c \wedge d) \vee (g \wedge h)] \\
&= [a \vee c \vee (g \wedge h)] \wedge [a \vee d \vee (g \wedge h)] \wedge [b \vee c \vee (g \wedge h)] \wedge [b \vee d \vee (g \wedge h)] \\
&= [a \vee c \vee g] \wedge [a \vee c \vee h] \wedge [a \vee d \vee g] \wedge [a \vee d \vee h] \wedge [b \vee c \vee g] \\
&\quad \wedge [b \vee c \vee h] \wedge [b \vee d \vee g] \wedge [b \vee d \vee h].
\end{aligned}$$

Nun beweisen wir die Mengenidentität. Es gilt

$$\begin{aligned}
&x \in (M \setminus N) \cup (M \cap N) \cup (N \setminus M) \\
&\iff x \in M \setminus N \text{ oder } x \in M \cap N \text{ oder } x \in N \setminus M \\
&\iff (x \in M \text{ und } x \in \overline{N}) \text{ oder } (x \in M \text{ und } x \in N) \text{ oder } (x \in N \text{ und } x \in \overline{M}) \\
&\iff (x \in M \text{ oder } x \in M \text{ oder } x \in N) \text{ und } (x \in M \text{ oder } x \in M \text{ oder } x \in \overline{M}) \\
&\quad \text{ und } (x \in M \text{ oder } x \in N \text{ oder } x \in N) \\
&\quad \text{ und } (x \in M \text{ oder } x \in N \text{ oder } x \in \overline{M}) \\
&\quad \text{ und } (x \in \overline{N} \text{ oder } x \in M \text{ oder } x \in N) \\
&\quad \text{ und } (x \in \overline{N} \text{ oder } x \in M \text{ oder } x \in \overline{M}) \\
&\quad \text{ und } (x \in \overline{N} \text{ oder } x \in N \text{ oder } x \in N) \\
&\quad \text{ und } (x \in \overline{N} \text{ oder } x \in N \text{ oder } x \in \overline{M}) \\
&\iff x \in M \cup N \text{ und w und } x \in M \cup N \text{ und w und w und w und w und w} \\
&\iff x \in M \cup N.
\end{aligned}$$

3.2 Implikation und Äquivalenz

Definition 3.5 Seien a, b zwei Aussagen. Die *Implikation* $a \implies b$ ist definiert durch die Wahrheitstafel:

a	b	$a \implies b$
w	w	w
w	f	f
f	w	w
f	f	w

Sprechweise: „aus a folgt b", „a impliziert b", „wenn a gilt, dann gilt b".

Bemerkung 3.5 Wenn a wahr ist, dann ist die Implikation $a \implies b$ genau dann wahr, wenn b wahr ist. Wenn a falsch ist, ist die Implikation $a \implies b$ immer wahr (aus Falschem folgt alles).

Da die obere Definition im Fall, wenn a falsch ist, intuitiv nicht so klar ist, wollen wir den Sachverhalt anhand eines Beispiels illustrieren.

Beispiel 3.7 (i) Wir betrachten die Aussagen $a : x > 0$ und $b : 2x + 1 > 0$. Dann ist intuitiv klar, dass $a \implies b$ gilt. Wie erklären wir nun an diesem Beispiel die Definition durch die Wahrheitstafel?

- Es seien a und b wahr. Also muss gelten: Wenn a wahr ist, dann ist auch b wahr. Und tatsächlich $x > 0$ impliziert $2x > 0$ impliziert $2x + 1 > 0$. Die Implikation $a \implies b$ ist also gefühlt wahr.
- Der Fall a wahr, b falsch kommt nicht vor. Sonst wäre die Implikation $a \implies b$ im Allgemeinen falsch.
- Es sei a falsch, aber b wahr. Dies ist exemplarisch für $x = -\frac{1}{4}$ erfüllt. Hier ist $x < 0$, aber $2x + 1 = -\frac{1}{2} + 1 = \frac{1}{2} > 0$. Das stört die Implikation $a \implies b$ gefühlt nicht.
- Sind a und b falsch, wie z. B. für $x = -1$, denn hier ist $x < 0$ und $2x + 1 = -2 + 1 = -1 < 0$, so stört auch dies die Implikation $a \implies b$ gefühlt nicht.

(ii) Betrachten wir nun eine falsche Implikation $x^2 > 0 \implies x > 0$. Hier lautet die Aussage $a : x^2 > 0$ und die Aussage $b : x > 0$. Die Aussage a ist aber beispielsweise für $x = -1$ wahr, während die Aussage b für $x = -1$ falsch ist. Somit ist auch die Implikation $a \implies b$ falsch.

Bemerkung 3.6 Um zu beweisen, dass eine Implikation $a \implies b$ wahr ist, genügt es, anzunehmen, dass a wahr ist, und dann zu zeigen, dass auch b wahr ist. Den Fall, wenn a falsch ist, braucht man nicht zu betrachten.

3.2 Implikation und Äquivalenz

Beispiel 3.8 Wir wollen nun exemplarisch eine Implikation beweisen. Seien $\alpha, \beta \in \mathbb{Z}$. Die Behauptung lautet:

$$\alpha, \beta \text{ sind beide ungerade} \implies \alpha + \beta \text{ ist gerade.}$$

Wir beweisen dies, indem wir annehmen, dass α, β ungerade Zahlen sind. Dann existieren $n, m \in \mathbb{Z}$ derart, dass $\alpha = 2n + 1$, $\beta = 2m + 1$. Für die Summe $\alpha + \beta$ haben wir

$$\alpha + \beta = (2n+1) + (2m+1) = 2(n+m+1) = 2\ell \quad \text{mit} \quad n+m+1 = \ell \in \mathbb{Z}.$$

Es folgt, dass $\alpha + \beta$ gerade ist.

Bemerkung 3.7 Um zu zeigen, dass eine Implikation $a \implies b$ falsch ist, reicht es, ein *Gegenbeispiel* anzugeben. Das heißt, dass wir ein Beispiel konstruieren müssen, in welchem a wahr und b falsch sind.

Beispiel 3.9 Wir widerlegen nun eine Implikation durch ein Gegenbeispiel. Die Behauptung lautet hier: $x > 0 \implies 100x - 1 > 0$. Für das Gegenbeispiel wählen wir $x = \frac{1}{200}$. Dann ist $x > 0$ erfüllt, aber $100x - 1 = 100 \cdot \frac{1}{200} - 1 = -\frac{1}{2}$ und $-\frac{1}{2} > 0$ ist falsch. Somit ist auch die Implikation falsch.

Definition 3.6 Seien a und b zwei Aussagen. Die *Äquivalenz* $a \iff b$ ist definiert durch die Wahrheitstafel:

a	b	$a \iff b$
w	w	w
w	f	f
f	w	f
f	f	w

Sprechweise: „a und b sind äquivalent", „a ist genau dann wahr, wenn b wahr ist".

Beispiel 3.10

(i) Für $n \in \mathbb{N}$ gilt: n ist gerade $\iff n^2$ ist gerade.
(ii) Für $x \in \mathbb{R}$ gilt: $2x + 1 > 0 \iff x > -\frac{1}{2}$.

Satz 3.2 *Es gilt* $[a \iff b] = [(a \implies b) \wedge (b \implies a)]$.

Beweis Der Beweis erfolgt mittels der Wahrheitstafel:

a	b	$a \implies b$	$b \implies a$	$(a \implies b) \wedge (b \implies a)$	$a \iff b$
w	w	w	w	w	w
w	f	f	w	f	f
f	w	w	f	f	f
f	f	w	w	w	w

$\square$

Satz 3.3 *Die Implikation und die Äquivalenz kann man wie folgt umformulieren:*

(i) $(a \implies b) = (\neg a \vee b)$,
(ii) $(a \iff b) = (\neg a \wedge \neg b) \vee (a \wedge b)$.

Beweis

(i) Wir beweisen die erste Identität mithilfe der Wahrheitstafel:

a	b	$a \implies b$	$\neg a$	$\neg a \vee b$
w	w	w	f	w
w	f	f	f	f
f	w	w	w	w
f	f	w	w	w

(ii) Auch die zweite Identität kann man anhand der Wahrheitstafel beweisen. Wir geben hier den folgenden Beweis an, welcher die Rechenregeln für Aussagen, Satz 3.2 und Teil (i) benutzt:

$$\begin{aligned}(a \iff b) &= [(a \implies b) \wedge (b \implies a)] \\ &= [(\neg a \vee b) \wedge (\neg b \vee a)] \\ &= [(\neg a \wedge \neg b) \vee (\neg a \wedge a) \vee (b \wedge \neg b) \vee (b \wedge a)] \\ &= [(\neg a \wedge \neg b) \vee f \vee f \vee (b \wedge a)] \\ &= (\neg a \wedge \neg b) \vee (a \wedge b).\end{aligned}$$

$\square$

Satz 3.4 *Die* Negation einer Implikation *lautet:*

$$\neg(a \implies b) = a \wedge \neg b.$$

Beweis Es gilt

$$\neg(a \implies b) = \neg(\neg a \vee b) = \neg(\neg a) \wedge \neg b = a \wedge \neg b.$$

$\square$

3.2 Implikation und Äquivalenz

Beispiel 3.11 Wir negieren folgende Aussagen:

(i) Wenn die Sonne scheint, ist es warm.
Wie haben hier die Aussagen a: „Die Sonne scheint", b: „Es ist warm". Dann lautet die Negation von $a \implies b$ nach obiger Feststellung $a \wedge \neg b$ und somit in Worten: Die Sonne scheint und es ist nicht warm.
(ii) Wenn $x > 0$ ist, dann ist $100x - 1 > 0$.
Die Negation lautet: Es sind $x > 0$ und $100x - 1 \leq 0$.
(iii) Wenn es kalt ist, ziehe ich eine warme Jacke an.
Die Negation lautet: Es ist kalt und ich ziehe keine warme Jacke an.

Satz 3.5 *Es gilt* $[a \implies b] = [\neg b \implies \neg a]$.

Beweis Wir beweisen die Aussage des Satzes auf zwei verschiedene Arten: zunächst mittels einer Wahrheitstafel, anschließend mit den uns bekannten Rechenregeln.

1. Beweis mit der Wahrheitstafel:

a	b	$a \implies b$	$\neg b$	$\neg a$	$\neg b \implies \neg a$
w	w	w	f	f	w
w	f	f	w	f	f
f	w	w	f	w	w
f	f	w	w	w	w

2. Beweis mit den Rechenregeln:

$$[\neg b \implies \neg a] = [\neg(\neg b) \vee \neg a] = [b \vee \neg a] = [\neg a \vee b] = [a \implies b]. \quad \square$$

Definition 3.7 Die Aussage $\neg b \implies \neg a$ heißt *Kontraposition* der Aussage $a \implies b$.

Satz 3.5 besagt, dass eine Implikation und ihre Kontraposition äquivalent sind.

Beispiel 3.12 (Kontraposition)

(i) Implikation: $x > 0 \implies 2x + 1 > 0$.
Kontraposition: $2x + 1 \leq 0 \implies x \leq 0$; beide Aussagen sind wahr.
(ii) Implikation: $x^2 > 0 \implies x > 0$.
Kontraposition: $x \leq 0 \implies x^2 \leq 0$; beide Aussagen sind falsch.
(iii) Implikation: α, β sind beide ungerade $\implies \alpha + \beta$ ist gerade.
Kontraposition: $\alpha + \beta$ ist ungerade $\implies$ eine der Zahlen α, β ist gerade; beide Aussagen sind wahr.
(iv) Implikation: Wenn die Sonne scheint, ist es warm.
Kontraposition: Wenn es nicht warm ist, scheint die Sonne nicht.
(v) Implikation: Wenn es kalt ist, ziehe ich eine warme Jacke an.
Kontraposition: Wenn ich keine warme Jacke anziehe, ist es nicht kalt.

3.3 Quantoren

Definition 3.8 Sei X eine Menge. Eine Abbildung $A : X \to \{w, f\}, x \mapsto A(x)$ heißt eine *Aussageform*. Das heißt, $A(x)$ ist eine Aussage, deren Wert vom Wert der Variable $x \in X$ abhängt.

Abbildungen werden wir in Kap. 4 betrachten.

Beispiel 3.13 (Aussageform)

(i) $X = \mathbb{N}$, $A(n) =$ „n ist gerade". Dann sind $A(1)$ falsch, $A(2)$ wahr, $A(3)$ falsch usw.
(ii) $X = \mathbb{R}$, $A(x) =$ „$x > 0$". $A(1,3), A(\pi), A(2)$ sind wahr, $A(0), A(-1), A(-3,2)$ sind falsch.
(iii) $X = \mathbb{N}$, $A(n) =$ „$n > 0$". $A(n)$ ist wahr für alle $n \in \mathbb{N}$.

Definition 3.9

(i) $A(x)$ heißt *allgemeingültige Aussageform*, wenn $A(x)$ für alle $x \in X$ wahr ist. Wir schreiben
$$\forall x \in X : A(x)$$
und sprechen: „Für alle $x \in X$ gilt $A(x)$." Das Symbol $\forall$ heißt *Allquantor*.
(ii) $A(x)$ heißt *erfüllbare Aussageform*, wenn es (mindestens) ein $x \in X$ gibt, für welches $A(x)$ wahr ist. Wir schreiben
$$\exists x \in X : A(x)$$
und sprechen: „Es existiert ein $x \in X$, für welches $A(x)$ wahr ist." Das Symbol $\exists$ heißt *Existenzquantor*.

Beispiel 3.14 (Quantoren)

(i) $\forall n \in \mathbb{N} : n > 0$ (wahr).
(ii) $\exists n \in \mathbb{N} : n$ ist gerade (wahr).
(iii) $\forall x \in \mathbb{R} : x^2 \geq 0$ (wahr).
(iv) $\exists x \in \mathbb{R} : x^2 \leq 0$ (wahr).
  Man kann Quantoren auch aneinanderreihen.
(v) $\forall n \in \mathbb{N} : \forall m \in \mathbb{N} : n \cdot m \in \mathbb{N}$ (wahr).
(vi) $\forall n \in \mathbb{N} : \forall m \in \mathbb{N} : \frac{n}{m} \in \mathbb{N}$ (falsch).
(vii) $\exists n \in \mathbb{N} : \exists m \in \mathbb{N} : \frac{n}{m} \notin \mathbb{N}$ (wahr).
(viii) $\forall n \in \mathbb{N} : \exists m \in \mathbb{N} : \frac{n}{m} \notin \mathbb{N}$ (wahr).
(ix) $\forall \, \varepsilon > 0 : \exists \, n_0 \in \mathbb{N} : \forall \, n \geq n_0 : |a_n - a| < \varepsilon$. Dies ist die Definition des Grenzwertes einer Folge a_n mit $\lim_{n \to \infty} a_n = a$.

Bemerkung 3.8 Die Negation einer Allaussage ist eine Existenzaussage und umgekehrt:

$$\neg\bigl(\forall\, x \in X : A(x)\bigr) = \bigl(\exists\, x \in X : \neg A(x)\bigr),$$
$$\neg\bigl(\exists\, x \in X : A(x)\bigr) = \bigl(\forall\, x \in X : \neg A(x)\bigr).$$

Beispiel 3.15 (Quantoren – Negation)

(i) $\forall\, n \in \mathbb{N} : n > 0$.
   Negation: $\exists\, n \in \mathbb{N} : n \leq 0$.
(ii) $\exists\, n \in \mathbb{N} : n$ ist gerade.
   Negation: $\forall\, n \in \mathbb{N} : n$ ist ungerade.
(iii) $\forall\, x \in \mathbb{R} : x^2 \geq 0$.
   Negation: $\exists\, x \in \mathbb{R} : x^2 < 0$.
(iv) $\exists\, x \in \mathbb{R} : x^2 \leq 0$.
   Negation: $\forall\, x \in \mathbb{R} : x^2 > 0$.
(v) Jeder Tisch hat genau vier Beine.
   Negation: Es gibt Tische, welche nicht genau vier Beine haben (weniger oder mehr als vier Beine).
(vi) $\forall\, n \in \mathbb{N} : \forall\, m \in \mathbb{N} : n \cdot m \in \mathbb{N}$.
   Negation: $\exists\, n \in \mathbb{N} : \neg(\forall\, m \in \mathbb{N} : n \cdot m \in \mathbb{N}) = \exists\, n \in \mathbb{N} : \exists\, m \in \mathbb{N} : n \cdot m \notin \mathbb{N}$.
(vi) $\exists\, n \in \mathbb{N} : \exists\, m \in \mathbb{N} : \frac{n}{m} \notin \mathbb{N}$.
   Negation: $\forall\, n \in \mathbb{N} : \forall\, m \in \mathbb{N} : \frac{n}{m} \in \mathbb{N}$.
(vii) $\forall\, n \in \mathbb{N} : \exists\, m \in \mathbb{N} : \frac{n}{m} \notin \mathbb{N}$.
   Negation: $\exists\, n \in \mathbb{N} : \forall\, m \in \mathbb{N} : \frac{n}{m} \in \mathbb{N}$.

3.4 Beweise

Die Aufgabe des Beweises besteht darin, durch logisches Schließen die Gültigkeit einer Implikation $A \implies B$ nachzuweisen, wobei A und B typischerweise zwei Aussagen über mathematische Sachverhalte sind. Dies kann auf unterschiedliche Arten erreicht werden. Wir betrachten hier einige wichtige Beweistypen.

3.4.1 Direkter Beweis

Beim direkten Beweis wird von der Voraussetzung A direkt auf die Behauptung B geschlossen, möglicherweise in mehreren Schritten:

$$A \implies B_1 \implies B_2 \implies \ldots \implies B.$$

Wir betrachten nun exemplarisch einige kurze Sätze, um mit der Beweisart vertraut zu werden.

Beispiel 3.16
$$x \geq 1 \implies 5x + 5 \geq 10.$$

Beweis Unter Verwendung von Rechenregeln für Ungleichungen beweisen wir die Aussage in zwei Schritten:
$$x \geq 1 \implies 5x \geq 5 \implies 5x + 5 \geq 10. \qquad \square$$

Beispiel 3.17 Das Quadrat einer geraden Zahl ist gerade.

Beweis Sei $n \in \mathbb{Z}$, n gerade. Nach der Definition einer geraden Zahl gibt es ein $m \in \mathbb{Z}$ mit $n = 2m$. Dann gilt $n^2 = 4m^2 = 2(2m^2) = 2\ell$ mit $\ell = 2m^2 \in \mathbb{Z}$. Es folgt, dass n^2 gerade ist. $\qquad \square$

Beispiel 3.18 Das Quadrat jeder ungeraden Zahl ergibt bei Division durch 8 den Rest 1.

Zunächst verdeutlichen wir uns die obige Behauptung anhand von einigen Beispielrechnungen:
$$1^2 = 1 = 0 \cdot 8 + 1,$$
$$3^2 = 9 = 1 \cdot 8 + 1,$$
$$5^2 = 25 = 3 \cdot 8 + 1,$$
$$7^2 = 49 = 6 \cdot 8 + 1.$$

Dies ist im Allgemeinen auch hilfreich, wenn man sich nicht sicher ist, ob die Aussage überhaupt wahr ist (aber ist natürlich keine Garantie). Nun beweisen wir die Behauptung.

Beweis Sei n eine ungerade Zahl. Dann existiert ein $m \in \mathbb{Z}$ mit $n = 2m + 1$. Somit folgt
$$n^2 = (2m + 1)^2 = 4m^2 + 4m + 1 = 4m(m + 1) + 1.$$

Von den beiden Zahlen ist entweder m oder $m + 1$ gerade. Folglich ist $m(m + 1)$ gerade. Deswegen existiert ein $\ell \in \mathbb{Z}$ mit $m(m + 1) = 2\ell$. Dann gilt $n^2 = 4 \cdot 2\ell + 1 = 8\ell + 1$, also ergibt die Division von n^2 durch 8 den Rest 1. $\qquad \square$

3.4.2 Beweis durch Kontraposition

Wir wissen, dass $(A \implies B) = (\neg B \implies \neg A)$. Beim Beweis durch Kontraposition zeigt man, dass die Kontraposition $\neg B \implies \neg A$ wahr ist. Damit wird dann auch die Implikation $A \implies B$ bewiesen.

3.4 Beweise

In manchen Situationen ist die Kontraposition $\neg B \implies \neg A$ einfacher zu beweisen als die Implikation $A \implies B$.

Auch hier betrachten wir einige Beispielsätze zur Verdeutlichung.

Beispiel 3.19 Das Quadrat einer ungeraden Zahl ist ungerade.

Beweis Bei vielen Aussagen existieren verschiedene Beweise; das ist auch hier der Fall. Wir beweisen den Satz zunächst mit einem direkten Beweis und anschließend mit dem Beweis durch Kontraposition.

Direkter Beweis:
Sei n ungerade. Dann existiert ein $m \in \mathbb{Z}$ mit $n = 2m + 1$. Es gilt

$$n^2 = (2m+1)^2 = 4m^2 + 4m + 1 = 2(2m(m+1)) + 1 = 2\ell + 1 \quad \text{mit}$$
$$\ell = 2m(m+1) \in \mathbb{Z}.$$

Es folgt, dass n^2 ungerade ist.

Beweis durch Kontraposition:
Wir formulieren zunächst die Kontraposition. Zu zeigen ist: n ungerade $\implies n^2$ ungerade. Dann lautet die Kontraposition: n^2 gerade $\implies n$ gerade.

Ist n^2 gerade, so gilt $2 | n \cdot n$. Das Produkt ab zweier ganzer Zahlen ist genau dann durch eine Primzahl p teilbar, wenn eine der beiden Zahlen a, b durch p teilbar ist (s. Satz 5.5; mehr über Teilbarkeit in Kap. 5 „Elementare Zahlentheorie"). Damit gilt $2 | n$, und n ist gerade. □

Im darauffolgenden Satz ist der Beweis durch Kontraposition alternativlos.

Beispiel 3.20 Für alle $r \geq 0$ gilt: r ist irrational $\implies \sqrt{r}$ ist irrational.

Beweis Die Zahl $r = 0$ ist rational; wir brauchen also nur $r > 0$ zu betrachten.
Die Kontraposition lautet in diesem Fall: $\sqrt{r}$ rational $\implies r$ rational. Es sei also $\sqrt{r} > 0$ rational. Dann existieren $n, m \in \mathbb{N}$ mit $\sqrt{r} = \frac{n}{m}$. Es gilt

$$r = \frac{n^2}{m^2} = \frac{\ell}{k} \quad \text{mit} \quad \ell = n^2, k = m^2 \in \mathbb{N}.$$

Es folgt, dass r rational ist. □

3.4.3 Beweis durch Widerspruch

Beim Beweis durch Widerspruch gehen wir davon aus, dass B falsch ist. Man geht also von $\neg B$ aus und leitet daraus weitere Aussagen her, bis man eine Aussage erhält, die – zumindest beim Vorliegen der Aussage A – falsch ist (man sagt: Es kommt zu einem Widerspruch). Da man beim logischen Schließen keinen Fehler gemacht hat, muss der Fehler in der Annahme $\neg B$ liegen. Also sind $\neg B$ falsch und demnach B wahr. Wir leiten also aus der Annahme $A \wedge \neg B$ einen Widerspruch her.

Exemplarisch betrachten wir nun zwei Beispielsätze mit den dazugehörigen Widerspruchsbeweisen. Das sind berühmte Sätze!

Satz 3.6 (Euklid, 3. Jahrhundert v. Chr.)
Es gibt unendlich viele Primzahlen.

Beweis Wir nehmen an, dass es nur endlich viele – nämlich N – Primzahlen gibt. Wir nummerieren und ordnen diese: $p_1 < p_2 < \ldots < p_N$. Betrachten wir nun die Zahl

$$m = p_1 p_2 \ldots p_N + 1.$$

m ist keine Primzahl, da sie größer als die größte Primzahl p_N ist. Jede Zahl kann als Produkt von Primzahlen geschrieben werden (s. Satz 5.7 in Kap. 5 „Elementare Zahlentheorie"). Folglich gibt es eine Primzahl p_i mit $p_i | m$. Es gilt aber auch $p_i | p_1 p_2 \ldots p_N$. Aus $1 = m - p_1 p_2 \ldots p_N$ folgt, dass $p_i | 1$. Der einzige positive Teiler von 1 ist 1. Daraus folgt, dass $p_i = 1$. Folglich ist p_i keine Primzahl. Widerspruch! Der Widerspruch zeigt, dass die Annahme, dass es nur endlich viele Primzahlen gibt, falsch ist. Wir haben also bewiesen, dass es unendlich viele Primzahlen gibt. □

Satz 3.7 *Die Zahl $\sqrt{2}$ ist irrational.*

Beweis Wir nehmen an, dass $\sqrt{2}$ eine rationale Zahl ist. Dann existieren $n, m \in \mathbb{N}$ mit $\sqrt{2} = \frac{n}{m}$. Wir können annehmen, dass n und m teilerfremd sind (ist das nicht der Fall, wird der Bruch $\frac{n}{m}$ vollständig gekürzt).

Aus $\sqrt{2} = \frac{n}{m}$ folgt durch Quadrieren $2 = \frac{n^2}{m^2}$. Dies ist äquivalent zu $n^2 = 2m^2$. Wir schließen, dass $2|n^2$. Das ist aber nur möglich, wenn $2|n$. Demnach existiert ein $k \in \mathbb{N}$ mit $n = 2k$.

Des Weiteren gilt $n^2 = 4k^2 = 2m^2$, und folglich $m^2 = 2k^2$. Nun gilt $2|m^2$, und folglich $2|m$. Wir haben somit gezeigt, dass n und m beide durch 2 teilbar sind. Das widerspricht der Tatsache, dass n und m teilerfremd sind. Der Widerspruch zeigt, dass die Annahme, dass $\sqrt{2}$ eine rationale Zahl ist, falsch ist. Dies beweist, dass $\sqrt{2}$ eine irrationale Zahl ist. □

Der Beweis durch Kontraposition und der Beweis durch Widerspruch sind Beispiele für indirekte Beweise.

Bemerkung 3.9 Es besteht ein Unterschied zwischen einem Beweis durch Kontraposition und einem Beweis durch Widerspruch. Beispielsweise seien A: „Die Sonne scheint" und B: „Es ist hell ". Zu beweisen ist die Implikation $A \implies B$, d.h. „Die Sonne scheint $\implies$ Es ist hell". Beim Beweis durch Kontraposition ist zu zeigen, dass $\neg B \implies \neg A$, d.h., „Es ist nicht hell $\implies$ Die Sonne scheint nicht". Der Beweis durch Widerspruch führt die Annahme $\neg B \wedge A$ zum Widerspruch. In diesem Fall ist $\neg B \wedge A$: „Die Sonne scheint und es ist nicht hell". Widerspruch!

3.4.4 Widerlegen von Allaussagen durch ein Gegenbeispiel

Man betrachte eine Aussage der Form $\forall\, x \in X : A(x)$. Man möchte beweisen, dass diese Aussage falsch ist, bzw., dass $\neg(\forall\, x \in X : A(x))$ wahr ist. Wie wir wissen, gilt $\neg(\forall\, x \in X : A(x)) = \exists\, x \in X : \neg A(x)$. Es reicht also, die äquivalente Aussage $\exists\, x \in X : \neg A(x)$ zu beweisen. Das heißt, dass man ein $x \in X$ finden muss, für welches $A(x)$ falsch ist – ein *Gegenbeispiel*.

Beispiel 3.21

(i) Betrachte die Aussage, dass alle Primzahlen ungerade sind, d. h.,

$$\forall\, n \in \mathbb{N} : n \text{ ist Primzahl} \implies n \text{ ist ungerade}.$$

Das ist aber falsch. Die Negation dieser Aussage lautet

$$\exists\, n \in \mathbb{N} : \neg(n \text{ ist Primzahl} \implies n \text{ ist ungerade})$$
$$= [\exists\, n \in \mathbb{N} : n \text{ ist Primzahl und } n \text{ ist gerade}].$$

Die Zahl $n = 2$ ist ein Gegenbeispiel.

(ii) Betrachte die Aussage $\forall\, n \geq 2$ ist die Zahl $2^n - 1$ eine Primzahl. Auch das ist falsch. Wir versuchen, ein Gegenbeispiel durch Raten zu finden.

$$n = 2 : 2^2 - 1 = 3 \text{ ist Primzahl}.$$
$$n = 3 : 2^3 - 1 = 7 \text{ ist Primzahl}.$$
$$n = 4 : 2^4 - 1 = 15 \text{ ist keine Primzahl. Das ist ein Gegenbeispiel}.$$

Es ist allerdings eine interessante Beobachtung, dass exemplarisch $2^5 - 1 = 31$, $2^7 - 1 = 127$ auch Primzahlen sind. Viele Zahlen der Form $2^n - 1$ sind Primzahlen.

3.5 Vollständige Induktion

Die Menge $\mathbb{N}$ kann man axiomatisch durch ein System von Axiomen beschreiben. Am häufigsten werden die unten genannten Peano-Axiome benutzt.

Axiome 3.1 (Peano-Axiome) Die Menge $\mathbb{N}$ der natürlichen Zahlen ist eine Menge, die die sogenannten *Peano-Axiome* erfüllt:

(A1) $1 \in \mathbb{N}$.
(A2) Zu jeder natürlichen Zahl $n \in \mathbb{N}$ gibt es genau einen Nachfolger $S(n)$, welcher wieder eine natürliche Zahl ist.
(A3) Es gibt keine natürliche Zahl, deren Nachfolger 1 ist.
(A4) Sind zwei natürliche Zahlen verschieden, so sind auch ihre Nachfolger verschieden.
(A5) Enthält eine Menge natürlicher Zahlen die Zahl 1 und mit jeder Zahl ihren Nachfolger, so enthält sie alle natürlichen Zahlen.

Den Nachfolger von 1 nennt man 2, den Nachfolger von 2 nennt man 3 usw.

Satz 3.8 *Es gibt unendlich viele natürliche Zahlen.*

Beweis Aus (A1) folgt, dass $1 \in \mathbb{N}$. Aus (A2) folgt, dass es einen Nachfolger von 1 gibt: Das ist $2 = S(1) \in \mathbb{N}$. Dabei gilt $S(1) \neq 1$, da sonst 1 der Nachfolger der Zahl 1 wäre, was (A3) widerspricht. Die Menge $\mathbb{N}$ besteht also aus mindestens zwei (verschiedenen) Elementen 1, 2. Nach (A2) gibt es $3 = S(2)$ und nach (A3) $3 = S(2) \neq 1$. Auch gilt $3 \neq 2$: In der Tat, nach (A4) folgt aus $1 \neq 2$, dass $2 = S(1) \neq S(2) = 3$. Es gibt also mindestens drei Elemente 1, 2, 3. Auf diese Art wird die Menge mit jedem Nachfolger erweitert. Es gibt also unendlich viele natürliche Zahlen. $\square$

Die Menge $\mathbb{N}$ ist eine geordnete Menge. Per Definition gelte

$n < m$, wenn n in der Reihenfolge der Nachfolger vor m steht,
$n \leq m$, wenn $n < m$ oder $n = m$,
$n > m$, wenn $m < n$,
$n \geq m$, wenn $m \leq n$.

Nun wollen wir arithmetische Operationen auf $\mathbb{N}$ einführen.

Definition 3.10 Die *Addition* der natürlichen Zahlen ist definiert durch

$$a + 1 = S(a) \quad \text{und} \quad a + S(b) = S(a + b).$$

Insbesondere gilt:

$$a + 2 = a + S(1) = S(a + 1) = S(S(a)),$$
$$a + 3 = a + S(2) = S(a + 2) = S(S(S(a))) \quad \text{usw.}$$

Definition 3.11 Die *Multiplikation* der natürlichen Zahlen ist definiert durch

$$a \cdot 1 = a \quad \text{und} \quad a \cdot S(b) = a + a \cdot b.$$

3.5 Vollständige Induktion

Insbesondere gilt:

$$a \cdot 2 = a \cdot S(1) = a + a \cdot 1 = a + a$$
$$a \cdot 3 = a \cdot S(2) = a + a \cdot 2 = a + a + a \quad \text{usw.}$$

Von diesen Definitionen ausgehend kann man zeigen, dass die Operationen Addition und Multiplikation den üblichen Rechenregeln wie Kommutativ- und Assoziativgesetzen genügen. Wir wollen uns damit aber nicht weiter beschäftigen.

Wir wenden nun unsere Aufmerksamkeit dem Axiom (A5) zu. Dies ist das Axiom der *vollständigen Induktion*. Das Axiom kann wie folgt umformuliert werden.

Axiom 3.2 (Prinzip der vollständigen Induktion) Sei $A(n) : \mathbb{N} \to \{w, f\}$ eine Aussageform. Gilt

(1) $A(1)$ und
(2) $\forall n \in \mathbb{N} : A(n) \Rightarrow A(n+1)$,

so gilt $\forall n \in \mathbb{N} : A(n)$.

Die Aussage „$A(1)$ ist wahr" heißt der *Induktionsanfang* (IA) (oder die *Induktionsverankerung*). Der Nachweis von (2) heißt *Induktionsschritt* (IS). Die Aussage „$A(n)$ ist wahr" heißt *Induktionsvoraussetzung* (IV), die Aussage „$A(n+1)$ ist wahr" heißt *Induktionsbehauptung*.

Wir veranschaulichen das Prinzip der vollständigen Induktion anhand einiger Beispiele.

Beispiel 3.22 Es gilt

$$\sum_{k=1}^{n} k = \frac{n(n+1)}{2}.$$

Beweis

IA: Für $n = 1$ folgt $\sum_{k=1}^{1} k = 1 = \frac{1(1+1)}{2}$.
IS: Wir nehmen an, dass $\sum_{k=1}^{n} k = \frac{n(n+1)}{2}$ für ein konkretes $n \in \mathbb{N}$ gilt (dies ist unsere Induktionsvoraussetzung). Wir betrachten $\sum_{k=1}^{n+1} k$ und wollen zeigen, dass

dieser Ausdruck mit $\frac{(n+1)(n+2)}{2}$ übereinstimmt. Es gilt

$$\sum_{k=1}^{n+1} k = \sum_{k=1}^{n} k + (n+1) = \frac{n(n+1)}{2} + (n+1)$$
$$= (n+1)\left(\frac{n}{2} + 1\right) = (n+1)\frac{(n+2)}{2}$$
$$= \frac{(n+1)(n+2)}{2},$$

also gilt die Formel auch für $n + 1$.

Nach dem Prinzip der vollständigen Induktion gilt die Formel für alle $n \in \mathbb{N}$. □

Beispiel 3.23 Behauptet wird nun, dass

$$\sum_{k=1}^{n} k(k+1) = \frac{1}{3}n(n+1)(n+2).$$

Beweis

IA: Für $n = 1$ folgt $\sum_{k=1}^{1} k(k+1) = 1 \cdot 2 = 2 = \frac{1}{3} \cdot 1(1+1)(1+2)$.

IS: Wir betrachten nun $\sum_{k=1}^{n+1} k(k+1)$ und möchten die Gleichheit zu $\frac{1}{3}(n+1)(n+2)(n+3)$ zeigen. Dazu nutzen wir wieder unsere Induktionsvoraussetzung wie folgt:

$$\sum_{k=1}^{n+1} k(k+1) = \sum_{k=1}^{n} k(k+1) + (n+1)(n+2)$$
$$= \frac{1}{3}n(n+1)(n+2) + (n+1)(n+2)$$
$$= (n+1)(n+2)\left(\frac{1}{3}n + 1\right) = \frac{1}{3}(n+1)(n+2)(n+3).$$

Nach dem Prinzip der vollständigen Induktion gilt die Formel für alle $n \in \mathbb{N}$. □

Beispiel 3.24 Als drittes Beispiel widmen wir uns der bernoullischen Ungleichung

$$(1+x)^n \geq 1 + nx \quad \text{für} \quad x \geq -1 \text{ und } n \in \mathbb{N}.$$

Beweis

IA: Für $n = 1$ folgt $(1+x)^1 \geq 1 + 1 \cdot x$.

3.5 Vollständige Induktion

IS: Im Induktionsschritt müssen wir zeigen, dass $(1+x)^{n+1} \geq 1 + (n+1)x$ gilt, vorausgesetzt $(1+x)^n \geq 1 + nx$:

$$\begin{aligned}(1+x)^{n+1} &= (1+x)^n \cdot (1+x) \\ &\geq (1+nx)(1+x) = 1 + x + nx + nx^2 \\ &\geq 1 + (n+1)x,\end{aligned}$$

wobei die letzte Ungleichung gilt, da $nx^2 \geq 0$.

Nach dem Prinzip der vollständigen Induktion gilt die Formel also für alle $n \in \mathbb{N}$. □

Bevor wir weitere Beispiele besprechen, betrachten wir folgende *Varianten der Induktion*.

Es kann vorkommen, dass eine Aussage nur für $n \geq n_0$ gilt. In diesem Fall betrachtet man als Induktionsanfang $A(n_0)$:

(1′) $A(n_0)$ ist wahr.

Die Aussage gilt dann für alle $n \geq n_0$. Insbesondere kann aber $n_0 = 0$ ebenfalls eintreten.

Darüber hinaus ist es möglich, dass man im Induktionsschritt nicht nur $A(n)$, sondern beispielsweise auch $A(n-1)$, $A(n-2)$ usw. benötigt. Man kann (2) dann so formulieren:

(2′) $\forall n \in \mathbb{N}: A(k)$ ist wahr für alle $1 \leq k \leq n \Rightarrow A(n+1)$ ist wahr.

Beispiel 3.25 Um uns mit den verschiedenen angesprochenen Varianten der Induktion zu beschäftigen, fragen wir uns, für welche $n \geq 0$ die Ungleichung $2^n > n^2$ gilt. Wir setzen $n = 0, 1, 2, \ldots$ in die Ungleichung ein:

$$\begin{aligned}n = 0 &: \quad 2^0 = 1 > 0^2 = 0. \\ n = 1 &: \quad 2^1 = 2 > 1^2 = 1. \\ n = 2 &: \quad 2^2 = 4 = 2^2. \\ n = 3 &: \quad 2^3 = 8 < 3^2 = 9. \\ n = 4 &: \quad 2^4 = 16 = 4^2 = 16. \\ n = 5 &: \quad 2^5 = 32 > 5^2 = 25. \\ n = 6 &: \quad 2^6 = 64 > 6^2 = 36.\end{aligned}$$

Unsere Vermutung: Die Ungleichung $2^n > n^2$ gilt für $n = 0, 1$ und $n \geq 5$. Wir beweisen nun die Ungleichung für $n \geq 5$ mit der vollständigen Induktion.

Beweis

IA: Für $n = 5$ gilt $2^5 = 32 > 5^2 = 25$.
IS: Die Induktionsvoraussetzung ist $2^n > n^2$. Wir wollen zeigen, dass $2^{n+1} > (n+1)^2$. Es gilt
$$2^{n+1} = 2^n \cdot 2 > n^2 \cdot 2 = n^2 + n^2.$$
Nun behaupten wir, dass
$$n^2 + n^2 \geq n^2 + 2n + 1 = (n+1)^2, \quad n \geq 5.$$
Die obige Ungleichung ist äquivalent zu
$$n^2 - 2n - 1 \geq 0, \quad n \geq 5.$$
Die Lösungen der Gleichung $n^2 - 2n - 1 = 0$ sind $n_{1,2} = 1 \pm \sqrt{2}$, und wir haben
$$n_1 = 1 - \sqrt{2} < 0, \quad n_2 = 1 + \sqrt{2} < 5, \text{ da } \sqrt{2} < 4.$$
Es folgt, dass $n^2 - 2n - 1 \geq 0$ für $n \geq 5$, und damit ist der Induktionsschritt bewiesen.

Nach dem Prinzip der vollständigen Induktion gilt die Ungleichung $2^n > n^2$ für alle $n \geq 5$. □

Auch die Ungleichung $n^2 \geq 2n + 1$ für $n \geq 5$ könnte man mit der vollständigen Induktion beweisen:

IA: Für $n = 5$ gilt $5^2 = 25 \geq 2 \cdot 5 + 1 = 11$.
IS: Hier ist zu zeigen, dass $(n+1)^2 \geq 2(n+1) + 1 = 2n + 3$ gilt. Unter der Ausnutzung der Induktionsvoraussetzung $n^2 \geq 2n + 1$ schätzen wir ab
$$(n+1)^2 = n^2 + 2n + 1 \geq 2n + 1 + 2n + 1 = 2n + 2n + 2 \geq 2n + 3,$$
da $2n \geq 1$ ist.

Die Ungleichung gilt also für alle $n \geq 5$ nach dem Prinzip der vollständigen Induktion.

Bemerkt sei, dass die Herleitung im Induktionsschritt in diesem Beispiel für alle $n \geq 1$ gilt, die Behauptung $n^2 \geq 2n + 1$ aber nicht! Für $n = 1$ ist $n^2 = 1 < 2n + 1 = 3$. Für die Ungleichung $n^2 \geq 2n + 1$ würde dann der Induktionsanfang fehlen. Einsetzen von $n = 2$ und 3 liefert:
$$n = 2: \quad n^2 = 4 < 2n + 1 = 5.$$
$$n = 3: \quad n^2 = 9 \geq 2n + 1 = 7.$$
Die Ungleichung $n^2 \geq 2n + 1$ gilt also für alle $n \geq 3$.

Beispiel 3.26 Als vorerst letztes Beispiel schauen wir uns eine andere typische Anwendung der Induktion im Bereich der Teilbarkeit an. Behauptet wird, dass

$$\forall n \in \mathbb{N} : 6|(n^3 - n).$$

Beweis

IA: Für $n = 1$ ist $n^3 - n = 0$ und $6|0$.
IS: Die Induktionsvoraussetzung ist $6|(n^3 - n)$. Betrachtet wird der Ausdruck $(n + 1)^3 - (n + 1)$. Wir nehmen nun einige elementare Umformungen vor:

$$\begin{aligned}(n+1)^3 - (n+1) &= n^3 + 3n^2 + 3n + 1 - n - 1 \\ &= n^3 + 3n^2 + 2n \\ &= (n^3 - n) + 3n^2 + 3n \\ &= (n^3 - n) + 3n(n+1).\end{aligned}$$

Nun gilt $6|(n^3 - n)$ nach unserer Induktionsvoraussetzung. Bei dem Ausdruck $3n(n + 1)$ ist zwangsläufig entweder n oder $n + 1$ gerade. Demnach ist auch $n(n + 1)$ gerade, also gilt $6|3n(n + 1)$. Damit teilt 6 auch die Summe $(n^3 - n) + 3n(n + 1)$.

Nach dem Prinzip der vollständigen Induktion ist $n^3 - n$ für alle $n \in \mathbb{N}$ durch 6 teilbar. □

3.6 Aufgaben

3.1 Negieren Sie folgende Aussagen:

(a) Alle Primzahlen sind ungerade.
(b) $x + 1 > 3$.
(c) Die Zugspitze ist der höchste Berg Deutschlands und liegt in Bayern.
(d) Die Blume ist rot oder rosa.

3.2 Beweisen Sie folgende Rechenregeln für logische Operationen anhand von Wahrheitstafeln:

(a) $a \wedge (b \vee c) = (a \wedge b) \vee (a \wedge c)$,
(b) $a \vee (b \wedge a) = a$,
(c) $a \wedge \neg a = f$,
(d) $\neg(a \wedge b) = \neg a \vee \neg b$.

3.3 Bilden Sie die Negationen und die Kontrapositionen folgender Aussagen:

(a) Wenn man gut vorbereitet ist, dann fällt man bei der Prüfung nicht durch.
(b) Es ist Herbst, folglich werden die Tage kürzer.
(c) n ist eine Primzahl $\implies 2^n - 1$ ist eine Primzahl.

3.4 Beweisen oder widerlegen Sie folgende Aussagen anhand von Wahrheitstafeln:

(a) $((a \implies b) \wedge a) \implies b$,
(b) $((a \implies b) \wedge (b \implies c)) \implies (a \implies c)$,
(c) $((a \implies b) \wedge \neg b) \iff (\neg a \wedge b)$.

3.5 Welche der folgenden Aussagen sind wahr? Geben Sie jeweils die Negation der Aussage an.

(a) $\forall x \in \mathbb{N} : \exists y \in \mathbb{N} : x < y$,
(b) $\forall x \in \mathbb{N} : \exists y \in \mathbb{N} : x > y$,
(c) $\forall x \in \mathbb{N} : \exists y \in \mathbb{N} : x \geq y$,
(d) $\exists y \in \mathbb{N} : \forall x \in \mathbb{N} : x \geq y$,
(e) $\forall x \in \mathbb{N} : \exists y \in \mathbb{Z} : x > y$.

3.6 Beweisen Sie folgende Aussagen direkt:

(a) Sind $n \in \mathbb{Z}$ und $m \in \mathbb{Z}$ beide gerade, so ist ihre Summe $n + m$ gerade.
(b) Sind $n \in \mathbb{Z}$ und $m \in \mathbb{Z}$ beide ungerade, so ist ihre Summe $n + m$ gerade.

3.7 Beweisen Sie durch Kontraposition folgende Aussage:
Seien $n, m \in \mathbb{Z}$. Ist die Summe $n + m$ ungerade, so ist eine der Zahlen n, m gerade und die andere ungerade.

3.8 Beweisen Sie durch Widerspruch:
Es gibt keine natürlichen Zahlen $n, m \in \mathbb{N}$, für die gilt: $21n + 49m = 500$.

3.9 Widerlegen Sie durch ein Gegenbeispiel folgende Aussage:
Sind die Zahlen p, q irrational, so ist auch ihre Summe $p + q$ irrational.

3.10

(a) Beweisen Sie durch Widerspruch, dass die Zahl $\sqrt{3}$ irrational ist.
(b) Versuchen Sie, diesen Beweis auch für $\sqrt{4}$ durchzuführen. An welcher Stelle funktioniert der Widerspruchsbeweis nicht?

3.11 Beweisen Sie:

(a) $\sum_{k=1}^{n}(2k-1) = n^2$.
(b) $\sum_{k=0}^{n} q^k = \frac{1-q^{n+1}}{1-q}$, wobei $n \in \mathbb{N} \cup \{0\}$, $q \neq 1$.
(c) Für alle natürlichen Zahlen $n \geq 4$ gilt $n! > 2^n$.
(d) Für alle $n \in \mathbb{N}$ ist der Term $n^3 + (n+1)^3 + (n+2)^3$ durch 9 teilbar.

Abbildungen

4

Abbildungen sind allgegenwärtig in der Mathematik. In diesem Kapitel setzen wir uns mit ihnen auseinander. In Abschn. 4.1 bis 4.4 werden der Begriff und die Eigenschaften von Abbildungen thematisiert. Im abschließenden Abschn. 4.5 wird der Begriff der Mächtigkeit einer Menge diskutiert. Mächtigkeit charakterisiert die Größe einer Menge und ist eine Verallgemeinerung der Anzahl der Elemente auf unendliche Mengen. Wir werden sehen, dass dabei Abbildungen eine große Rolle spielen.

Leserinnen und Leser können dieses Kapitel zunächst überspringen und sich direkt mit Inhalten von Kap. 5 und 6 beschäftigen.

4.1 Der Begriff einer Abbildung

Definition 4.1 Seien X und Y zwei nichtleere Mengen.

(i) Eine *Abbildung* (*Funktion*) f von X nach Y ist eine Vorschrift, die jedem $x \in X$ genau ein $y \in Y$ zuordnet.
(ii) Das dem Element x zugeordnete Element y bezeichnet man mit $f(x)$ und nennt den *Wert der Funktion* f an der Stelle x.
(iii) X heißt der *Definitionsbereich* (die *Definitionsmenge*) und Y heißt der *Wertebereich* (die *Zielmenge*).

Des Weiteren heißt x das *Argument* von f. Man sagt auch: x ist die *unabhängige Variable* und y ist die *abhängige Variable*. Die Zuordnung $x \mapsto f(x)$ heißt die *Abbildungsvorschrift* (die *Funktionsvorschrift*). Wir schreiben

$$f : X \to Y,\ x \mapsto f(x).$$

E. Berdysheva, *Einführung in das mathematische Denken*,
https://doi.org/10.1007/978-3-662-71589-5_4

Abb. 4.1 Funktion g (links) und Funktion h (rechts) aus Beispiel 4.1 (iv) und (v)

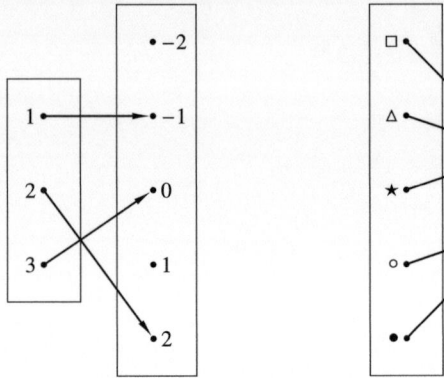

Zu jeder Abbildung gehören also drei Elemente: der Definitionsbereich, der Wertebereich und die Abbildungsvorschrift.

Beispiel 4.1 (Abbildungen)

(i) $f_1 : \mathbb{R} \to \mathbb{R}, x \mapsto x^2$ mit dem Definitionsbereich $\mathbb{R}$, dem Wertebereich $\mathbb{R}$ und der Funktionsvorschrift $f_1(x) = x^2$.

(ii) $f_2 : [0, \infty) \to \mathbb{R}, x \mapsto x^2$ mit dem Definitionsbereich $[0, \infty)$, dem Wertebereich $\mathbb{R}$ und der Funktionsvorschrift $f_2(x) = x^2$.

(iii) $\tilde{f} : \mathbb{N} \to \mathbb{N}, n \mapsto n^2$ mit dem Definitionsbereich $\mathbb{N}$, dem Wertebereich $\mathbb{N}$ und der Funktionsvorschrift $\tilde{f}(n) = n^2$.

(iv) $g : \{1, 2, 3\} \to \{-2, -1, 0, 1, 2\}$ mit dem Definitionsbereich $\{1, 2, 3\}$ und dem Wertebereich $\{-2, -1, 0, 1, 2\}$. Die Funktionsvorschrift laute $1 \mapsto -1, 2 \mapsto 2$, $3 \mapsto 0$. Abb. 4.1 visualisiert diese Funktion.

(v) $h : \{\square, \triangle, \star, \circ, \bullet\} \to \{r, e\}$ mit Definitionsbereich $\{\square, \triangle, \star, \circ, \bullet\}$ und dem Wertebereich $\{r, e\}$ (rund, eckig). Die Funktionsvorschrift laute $\square \mapsto e, \triangle \mapsto e$, $\star \mapsto e, \circ \mapsto r, \bullet \mapsto r$. Visualisiert wird die Funktion ebenfalls in Abb. 4.1.

Bemerkung 4.1 Zwei Abbildungen sind genau dann gleich, wenn ihre Definitionsbereiche, ihre Wertebereiche und ihre Abbildungsvorschriften gleich sind.

So sind die Funktionen f_1, f_2 und $\tilde{f}$ aus Beispiel 4.1 (i), (ii) und (iii) nicht gleich. Insbesondere sind f_1 und f_2 nicht gleich, da ihre Definitionsbereiche verschieden sind. Sie haben auch unterschiedliche Eigenschaften; so ist beispielsweise f_2 monoton, f_1 hingegen nicht. Auch die Funktionen $F_1 : \mathbb{R} \setminus \{0\} \to \mathbb{R}, x \mapsto \frac{1}{x}$ und $F_2 : \mathbb{R} \setminus \{0\} \to \mathbb{R} \setminus \{0\}, x \mapsto \frac{1}{x}$ sind formal nicht gleich.

Definition 4.2 Sei $f : X \to Y, x \mapsto f(x)$ eine Abbildung. Die Menge

$$G(f) = \{(x, f(x)) : x \in X\} \subseteq X \times Y$$

4.2 Bild und Urbild

heißt der *Graph* der Abbildung f.

Der Graph $G(f)$ ist eine Teilmenge des kartesischen Produktes $X \times Y$.

Beispiel 4.2 (Graph einer Abbildung) Wir geben die Graphen der Abbildungen aus Beispiel 4.1 an.

(i) Der Graph der Abbildung $f_1 : \mathbb{R} \to \mathbb{R}, x \mapsto x^2$ ist $G(f_1) = \{(x, x^2) : x \in \mathbb{R}\}$.
(ii) Der Graph der Abbildung $f_2 : [0, \infty) \to \mathbb{R}, x \mapsto x^2$ ist $G(f_2) = \{(x, x^2) : x \in [0, \infty)\}$.
(iii) Der Graph der Abbildung $\tilde{f} : \mathbb{N} \to \mathbb{N}, n \mapsto n^2$ ist $G(\tilde{f}) = \{(n, n^2) : n \in \mathbb{N}\} = \{(1, 1), (2, 4), (3, 9), (4, 16), \ldots\}$.
(iv) Der Graph der Abbildung $g : \{1, 2, 3\} \to \{-2, -1, 0, 1, 2\}$ mit $g(1) = -1$, $g(2) = 2, g(3) = 0$ ist $G(g) = \{(1, -1), (2, 2), (3, 0)\}$.
(v) Der Graph der Abbildung $h : \{\square, \triangle, \star, \circ, \bullet\} \to \{r, e\}$ mit $h(\square) = e$, $h(\triangle) = e, h(\star) = e, h(\circ) = r, h(\bullet) = r$ ist $G(h) = \{(\square, e), (\triangle, e), (\star, e), (\circ, r), (\bullet, r)\}$.

Sind X und Y Teilmengen von $\mathbb{R}$, so lässt sich der Graph der Abbildung $f : X \to Y$ als eine Punktmenge in der Ebene visualisieren.

Der Begriff des Graphen wird benutzt, um eine formale Definition der Abbildung im Rahmen der Mengenlehre anzugeben.

Definition 4.3 Die mengentheoretische Definition des Funktionsbegriffs lautet wie folgt: Eine *Abbildung* (eine *Funktion*) ist ein Tripel (X, Y, G) bestehend aus einer Menge X (der *Definitionsbereich*), einer Menge Y (der *Wertebereich*) und einer Teilmenge G des kartesischen Produktes $X \times Y$ (der *Graph*) mit den Eigenschaften:

(i) $\forall x \in X : \exists y \in Y : (x, y) \in G$,
(ii) $\forall x \in X : \forall y_1, y_2 \in Y : (x, y_1) \in G \wedge (x, y_2) \in G \implies y_1 = y_2$.

Bemerkung 4.2 Die erste Bedingung bedeutet, dass jedes $x \in X$ als erste Komponente eines Paares in G auftritt. Das heißt, dass die Funktion jedem $x \in X$ einen Wert $y = f(x)$ zuordnet. Die zweite Bedingung garantiert die Eindeutigkeit der Zuordnung, da für zwei Werte $y_1 = f(x)$ und $y_2 = f(x)$ gelten muss, dass $y_1 = y_2$.

4.2 Bild und Urbild

Definition 4.4 Sei $f : X \to Y$ eine Abbildung.

(i) Für eine Menge $A \subseteq X$ heißt die Menge

$$f(A) = \{y \in Y : (\exists x \in A : f(x) = y)\} = \{f(x) : x \in A\}$$

das *Bild* der Menge A unter f. Die Menge $f(X)$ heißt das *Bild von f*.
(ii) Für eine Menge $B \subseteq Y$ heißt die Menge

$$f^{-1}(B) = \{x \in X : f(x) \in B\}$$

das *Urbild* der Menge B unter f.

Die Notation f^{-1} für das Urbild stimmt mit der Notation für die inverse Abbildung (Umkehrfunktion) überein (s. Abschn. 4.3). Das sind aber zwei verschiedene Begriffe. Eine Umkehrfunktion braucht nicht zu existieren, während Urbilder von Mengen immer gebildet werden können. Urbilder sind für Teilmengen von Y und nicht für einzelne Werte $y \in Y$ definiert. Insbesondere ist für ein Element $y \in Y$ das Urbild von $\{y\}$ die Menge

$$f^{-1}(\{y\}) = \{x \in X : f(x) = y\}.$$

Beispiel 4.3 (Bilder und Urbilder)

(i) Sei $f : \mathbb{R} \to \mathbb{R}$, $f(x) = x^2$. Wir betrachten nun exemplarisch einige Bilder und Urbilder.

$$f([0, 1]) = [0, 1], \quad f([-1, 1]) = [0, 1], \quad f((-1, 2)) = [0, 4),$$
$$f(\{0, 1\}) = \{0, 1\}, \quad f(\{-1, 0, 1\}) = \{0, 1\},$$
$$f((5, \infty)) = (25, \infty), \quad f(\mathbb{R}) = [0, \infty),$$
$$f^{-1}([0, 1]) = [-1, 1], \quad f^{-1}([-1, 1]) = [-1, 1], \quad f^{-1}(\{0, 1\}) = \{-1, 0, 1\},$$
$$f^{-1}((0, 4)) = (-2, 0) \cup (0, 2), \quad f^{-1}((-3, -2)) = \emptyset,$$
$$f^{-1}(\{1\}) = \{-1, 1\}, \quad f^{-1}(\{0\}) = \{0\}, \quad f^{-1}(\{-1\}) = \emptyset, \quad f^{-1}(\mathbb{R}) = \mathbb{R}.$$

(ii) Sei $g : \{1, 2, 3\} \to \{-2, -1, 0, 1, 2\}$ mit $g(1) = -1$, $g(2) = 2$, $g(3) = 0$. Einige Bilder und Urbilder lauten

$$g(\{1\}) = \{-1\}, \quad g(\{1, 3\}) = \{-1, 0\},$$
$$g^{-1}(\{0\}) = \{3\}, \quad g^{-1}(\{1\}) = \emptyset, \quad g^{-1}(\{-2, -1, 0\}) = \{1, 3\}.$$

Wichtige Eigenschaften von Bildern und Urbildern sind im folgenden Satz zusammengefasst.

Satz 4.1 *Sei $f : X \to Y$ eine Abbildung und seien $A, A_1, A_2 \subseteq X$ sowie $B, B_1, B_2 \subseteq Y$. Dann gilt:*

4.2 Bild und Urbild

(i) $f(A_1 \cup A_2) = f(A_1) \cup f(A_2)$,
(ii) $f(A_1 \cap A_2) \subseteq f(A_1) \cap f(A_2)$,
(iii) $f(A_1 \setminus A_2) \supseteq f(A_1) \setminus f(A_2)$,
(iv) $f^{-1}(B_1 \cup B_2) = f^{-1}(B_1) \cup f^{-1}(B_2)$,
(v) $f^{-1}(B_1 \cap B_2) = f^{-1}(B_1) \cap f^{-1}(B_2)$,
(vi) $f^{-1}(B_1 \setminus B_2) = f^{-1}(B_1) \setminus f^{-1}(B_2)$,
(vii) $A \subseteq f^{-1}(f(A))$,
(viii) $f(f^{-1}(B)) \subseteq B$.

Beweis Die Beweise erfolgen exemplarisch; weitere Regeln werden in Aufgaben behandelt.

(i) Es gilt

$$\begin{aligned} y \in f(A_1 \cup A_2) &\iff \exists\, x \in A_1 \cup A_2 : f(x) = y \\ &\iff (\exists\, x \in A_1 : f(x) = y) \vee (\exists\, x \in A_2 : f(x) = y) \\ &\iff y \in f(A_1) \vee y \in f(A_2) \\ &\iff y \in f(A_1) \cup f(A_2). \end{aligned}$$

(ii) Beachte, dass nur eine Inklusion und keine Gleichheit gilt. Wir haben folgende Kette von Aussagen:

$$\begin{aligned} y \in f(A_1 \cap A_2) &\iff \exists\, x \in A_1 \cap A_2 : f(x) = y \\ &\implies y \in f(A_1) \wedge y \in f(A_2) \\ &\iff y \in f(A_1) \cap f(A_2). \end{aligned}$$

Gleichheit gilt nicht, da aus $y \in f(A_1)$ und $y \in f(A_2)$ im Allgemeinen nicht folgt, dass es mit dem gleichen $x \in A_1 \cap A_2$ erreicht werden kann, also dass es ein $x \in A_1 \cap A_2$ gibt mit $f(x) = y$. Exemplarisch gilt für $f : \mathbb{R} \to \mathbb{R}, x \mapsto x^2$ und die Mengen $A_1 = [-1, 0]$, $A_2 = [0, 1]$, $A_1 \cap A_2 = \{0\}$

$$f(A_1 \cap A_2) = \{0\}, \quad f(A_1) = [0, 1], \quad f(A_2) = [0, 1], \quad f(A_1) \cap f(A_2) = [0, 1].$$

(iv) Es gilt

$$\begin{aligned} x \in f^{-1}(B_1 \cup B_2) &\iff f(x) \in B_1 \cup B_2 \\ &\iff f(x) \in B_1 \vee f(x) \in B_2 \\ &\iff x \in f^{-1}(B_1) \vee x \in f^{-1}(B_2) \\ &\iff x \in f^{-1}(B_1) \cup f^{-1}(B_2). \end{aligned}$$

(vi) In diesem Fall haben wir

$$\begin{aligned}x \in f^{-1}(B_1 \setminus B_2) &\iff f(x) \in B_2 \setminus B_2 \\ &\iff f(x) \in B_1 \wedge f(x) \notin B_2 \\ &\iff x \in f^{-1}(B_1) \wedge x \notin f^{-1}(B_2) \\ &\iff x \in f^{-1}(B_1) \setminus f^{-1}(B_2).\end{aligned}$$

(vii) Sei $x \in A$. Dann existiert ein $y \in Y$ mit $f(x) = y$. Für dieses y gilt: $y \in f(A)$. Insbesondere gilt $f(x) \in f(A)$. Folglich $x \in f^{-1}(f(A))$.
Auch hier gilt im Allgemeinen keine Gleichheit, was wir exemplarisch wieder mithilfe der Funktion $f : \mathbb{R} \to \mathbb{R}, x \mapsto x^2$ zeigen. Sei $A = [0, 1]$, dann

$$f(A) = [0, 1], \quad \text{aber} \quad f^{-1}(f(A)) = [-1, 1] \neq A. \qquad \square$$

4.3 Injektivität, Surjektivität, Bijektivität und die Umkehrfunktion

Definition 4.5 Sei $f : X \to Y$ eine Abbildung.

(i) Die Abbildung f heißt *injektiv*, wenn für jedes $y \in Y$ das Urbild $f^{-1}(\{y\})$ von y höchstens ein Element enthält. Das ist äquivalent dazu, dass

$$f(x_1) = f(x_2) \implies x_1 = x_2$$

bzw. dass[1]

$$x_1 \neq x_2 \implies f(x_1) \neq f(x_2).$$

(ii) Die Abbildung f heißt *surjektiv*, wenn für jedes $y \in Y$ das Urbild $f^{-1}(\{y\})$ von y nicht leer ist: $f^{-1}(\{y\}) \neq \emptyset$. In anderen Worten:

$$\forall y \in Y : \exists x \in X : f(x) = y.$$

(iii) Die Abbildung f heißt *bijektiv*, wenn f injektiv und surjektiv ist.

Bemerkung 4.3 Eine Abbildung f ist genau dann bijektiv, wenn für jedes $y \in Y$ das Urbild $f^{-1}(\{y\})$ von y genau ein Element enthält.

Bemerkung 4.4 Ist f surjektiv, so sagt man auch „f ist eine Abbildung auf Y".

---

[1] Das ist die Kontraposition der Aussage aus der vorherigen Zeile.

4.3 Injektivität, Surjektivität, Bijektivität und die Umkehrfunktion

Beispiel 4.4 (Injektivität, Surjektivität, Bijektivität)
In den folgenden Beispielen ist der Funktionsterm immer der gleiche: $x \mapsto x^2$. Wir werden sehen, dass es von den Definitions- und Wertebereichen abhängt, ob die Funktion injektiv, surjektiv bzw. bijektiv ist.

(i) $f_1 : \mathbb{R} \to \mathbb{R}$, $f_1(x) = x^2$ ist

- nicht injektiv, da beispielsweise $f_1^{-1}(\{1\}) = \{-1, 1\}$ aus mehr als einem Element besteht,
- nicht surjektiv, da beispielsweise $f_1^{-1}(\{-1\}) = \emptyset$,
- nicht bijektiv.

(ii) $f_2 : [0, \infty) \to \mathbb{R}$, $f_2(x) = x^2$ ist

- injektiv, da für $x_1, x_2 \geq 0$ gilt: $x_1 \neq x_2 \implies x_1^2 \neq x_2^2$,
- nicht surjektiv, da beispielsweise $f_2^{-1}(\{-1\}) = \emptyset$,
- nicht bijektiv.

(iii) $f_3 : \mathbb{R} \to [0, \infty)$, $f_3(x) = x^2$ ist

- nicht injektiv, da beispielsweise $f_3^{-1}(\{1\}) = \{-1, 1\}$ aus mehr als einem Element besteht,
- surjektiv: $\forall\, y \geq 0 : \exists\, x \in \mathbb{R} : x^2 = y$,
- nicht bijektiv.

(iv) $f_4 : [0, \infty) \to [0, \infty)$, $f_4(x) = x^2$ ist

- injektiv, surjektiv und folglich bijektiv.

Ist f injektiv, so gilt für jedes $x \in X$

$$f^{-1}(f(\{x\})) = \{x\}.$$

In der Tat ist $f(\{x\}) = \{f(x)\}$, und wegen der Injektivität gibt es kein anderes $x' \in X$ mit $f(x') = f(x)$. Folglich ist $f^{-1}(f(\{x\})) = \{x\}$. Ist f zusätzlich surjektiv, so gilt $f(X) = Y$. In diesem Fall kann f auf Y invertiert werden.

Definition 4.6 Sei $f : X \to Y$ eine bijektive Abbildung. Die *inverse Abbildung* (die *Umkehrfunktion*) von f ist die Abbildung

$$f^{-1} : Y \to X, \quad y \mapsto x \text{ mit } f(x) = y.$$

Für jedes $y \in Y$ ist ein solches $x \in X$ eindeutig bestimmt.

Wie bereits in Abschn. 4.2 erwähnt, wird das Symbol f^{-1} gleichzeitig für das Urbild und für die Umkehrfunktion benutzt. Im ersten Fall ist das Argument eine Menge $B \subseteq Y$ und im zweiten Fall ein Element $y \in Y$. Insbesondere sind

$$f^{-1}(y) = x \in X \text{ ein Element und}$$
$$f^{-1}(\{y\}) = \{x\} \subseteq X \text{ eine Menge.}$$

Beispiel 4.5 (Inverse Abbildung)

(i) Wir betrachten $f_4 : [0, \infty) \to [0, \infty)$, $f(x) = x^2$ aus Beispiel 4.4. Wir wissen bereits, dass diese Funktion bijektiv ist. Ihre Umkehrfunktion f_4^{-1} ist gegeben durch

$$f_4^{-1} : [0, \infty) \to [0, \infty), \ f_4^{-1}(x) = \sqrt{x}.$$

(ii) Es sei $F : \{1, 2, 3, 4, \ldots\} \to \{1, \frac{1}{2}, \frac{1}{3}, \ldots\}$, $F(x) = \frac{1}{x}$. Diese Funktion ist bijektiv. Die Umkehrfunktion lautet

$$F^{-1} : \left\{1, \frac{1}{2}, \frac{1}{3}, \ldots\right\} \to \{1, 2, 3, \ldots\}, \ F^{-1}(x) = \frac{1}{x}.$$

Beachte: F und F^{-1} sind unterschiedliche Funktionen (sie haben verschiedene Definitions- und Wertebereiche).

Bemerkung 4.5 Ist $f : X \to Y$ bijektiv, so ist auch $f^{-1} : Y \to X$ bijektiv.

4.4 Verkettung von Abbildungen

Definition 4.7 Seien X_1, Y_1, X_2, Y_2 nichtleere Mengen und $f : X_1 \to Y_1$ sowie $g : X_2 \to Y_2$ zwei Abbildungen, wobei gilt: $f(X_1) \subseteq X_2$. Die *Verkettung* (die *Komposition*, die *Hintereinanderausführung*) von f und g ist die Abbildung

$$g \circ f : X_1 \to Y_2, \ x \mapsto g(f(x)).$$

Beispiel 4.6 (Verkettung von Abbildungen) Gegeben seien $f : \mathbb{N} \to \mathbb{N}$, $f(n) = n + 1$ und $g : \mathbb{N} \to \mathbb{N}$, $g(n) = 2n^2$. Die möglichen Kompositionen sind

$$g \circ f : \mathbb{N} \to \mathbb{N}, \ (g \circ f)(n) = 2(n+1)^2,$$
$$f \circ g : \mathbb{N} \to \mathbb{N}, \ (f \circ g)(n) = 2n^2 + 1.$$

Bemerkung 4.6 Wie wir sehen, gilt im Allgemeinen $f \circ g \neq g \circ f$. Das heißt, die Komposition ist nicht kommutativ.

4.4 Verkettung von Abbildungen

Bemerkung 4.7 Zu beachten ist die Reihenfolge der Funktionen in der Verkettung. Die Schreibweise $g \circ f$ entspricht $g(f(x))$ (zuerst wird f angewendet, danach g).

Beispiel 4.7 Es seien $a : \mathbb{R} \to \mathbb{R}$, $a(x) = x + 1$ und $b : [0, \infty) \to \mathbb{R}$, $b(x) = \sqrt{x}$. Zunächst stellen wir fest, dass $a(\mathbb{R}) = \mathbb{R} \not\subseteq [0, \infty)$. Damit ist die Verkettung $b \circ a$ nicht möglich. Es gilt aber, dass $b([0, \infty)) = [0, \infty) \subseteq \mathbb{R}$. Also ist die Verkettung $a \circ b$ möglich und lautet

$$a \circ b : [0, \infty) \to \mathbb{R}, \ (a \circ b)(x) = \sqrt{x} + 1.$$

Die Operation der Komposition von Abbildungen ist zwar nicht kommutativ, aber assoziativ.

Satz 4.2 *Seien $f : X \to Y$, $g : Y \to Z$ und $h : Z \to W$ drei Abbildungen. Dann gilt*

$$(h \circ g) \circ f = h \circ (g \circ f).$$

Beweis Für die linke Seite gilt

$$h \circ g : Y \to W, \ (h \circ g)(y) = h(g(y)) \quad \text{und}$$
$$(h \circ g) \circ f : X \to W, \ ((h \circ g) \circ f)(x) = h(g(f(x))).$$

Analog erhalten wir für die rechte Seite

$$g \circ f : X \to Z, \ (g \circ f) = g(f(x)) \quad \text{und}$$
$$h \circ (g \circ f) : X \to W, \ (h \circ (g \circ f))(x) = h(g(f(x))),$$

was mit der Formel für die linke Seite übereinstimmt. □

Definition 4.8 Sei X eine Menge. Die Abbildung

$$I_X : X \to X, \ x \mapsto x$$

heißt die *Identität* (die *identische Abbildung*).

Bemerkung 4.8 Die identische Abbildung spielt die Rolle eines Einselements bezüglich der Komposition: Für $f : X \to Y$ gilt $f \circ I_X = f$ und für $f : U \to X$ gilt $I_X \circ f = f$.

Bemerkung 4.9 Sei $f : X \to Y$ bijektiv. Dann gilt

$$f^{-1} \circ f = I_X, \quad f \circ f^{-1} = I_Y.$$

4.5 Mächtigkeit

In Abschn. 2.5 haben wir die Mächtigkeit (Kardinalität) einer endlichen Menge als die Anzahl ihrer Elemente definiert. In diesem Abschnitt wollen wir uns mit unendlichen Mengen beschäftigen. Auch in diesem Fall kann man Größen von Mengen vergleichen.

Definition 4.9 Zwei Mengen A und B heißen *gleichmächtig*, wenn es eine bijektive Abbildung von A auf B gibt. In diesem Fall sagt man auch: A und B haben die gleiche *Mächtigkeit* beziehungsweise die gleiche *Kardinalität* beziehungsweise die gleiche *Kardinalzahl*.

Bemerkung 4.10 Da aus der Bijektivität der Ausgangsfunktion auch die Bijektivität der Umkehrfunktion folgt, ist es irrelevant, ob A auf B oder B auf A abgebildet wird.

Lemma 4.1 *Zwei endliche Mengen sind genau dann gleichmächtig, wenn sie gleich viele Elemente enthalten.*

Beweis Es seien M, N endliche Mengen mit $|M| = m$, $|N| = n$. Zu zeigen ist hier eine Äquivalenz. Wir beweisen erst die eine Richtung und dann die andere.

$\Longleftarrow$ Wir nehmen an, dass $m = n$, und wollen zeigen, dass M und N gleichmächtig sind. Wir nummerieren die Elemente von M und N durch:

$$M = \{a_1, \ldots, a_m\} \quad \text{und} \quad N = \{b_1, \ldots b_m\}.$$

Nun konstruieren wir eine Abbildung $f : M \to N$: Wir setzen $f(a_1) = b_1, f(a_2) = b_2, \ldots, f(a_m) = b_m$. Diese Abbildung ist bijektiv, also sind M und N gleichmächtig.

$\Longrightarrow$ Diese Richtung beweisen wir durch Kontraposition. Gehen wir davon aus, dass M und N nicht gleich viele Elemente haben, dann müsste folgen, dass M und N nicht gleichmächtig sind. *Ohne Beschränkung der Allgemeinheit* (o. B. d. A.) sei $m > n$. Weiter sei f eine beliebige Abbildung von M nach N. Dann gilt $\{f(a_1), \ldots, f(a_m)\} \subseteq N$, also hat die Menge $\{f(a_1), \ldots, f(a_m)\}$ höchstens $n < m$ Elemente. Es folgt, dass man zwei Elemente $a_i \neq a_j$ finden kann mit $f(a_i) = f(a_j)$. Damit ist jede Abbildung $f : M \to N$ nicht injektiv und folglich insbesondere nicht bijektiv. Es folgt, dass keine Bijektion von M auf N existiert, womit M und N nicht gleichmächtig sind. □

Lemma 4.1 besagt, dass Definition 4.9 für endliche Mengen konsistent mit Definition 2.13 ist. Für endliche Mengen definiert man die *Mächtigkeit (Kardinalität)* als die Anzahl der Elemente. Die Zahlen $0 = |\emptyset|, 1, 2, 3, \ldots$ sind also Kardinalzahlen für endliche Mengen.

Unendliche Mengen können Eigenschaften haben, die auf den ersten Blick überraschend sind. So ist es für unendliche Mengen möglich, dass eine echte Teilmenge gleichmächtig zur gesamten Menge ist.

4.5 Mächtigkeit

Beispiel 4.8 Die Menge aller natürlichen Zahlen $\mathbb{N}$ und die Menge aller geraden natürlichen Zahlen sind gleichmächtig.

Eine Bijektion liefert z. B. die Abbildung $f : \{1, 2, 3, 4, \ldots\} \to \{2, 4, 6, 8, \ldots\}$, $f(n) = 2n$.

Ein interessanter Fakt in diesem Zusammenhang ist die Tatsache, dass eine Menge genau dann unendlich ist, wenn sie eine gleichmächtige Teilmenge besitzt. Wir werden uns damit nicht weiter beschäftigen.

Auch unendliche Mengen sind nicht alle gleich groß! Die „kleinsten" unendlichen Mengen sind die Menge $\mathbb{N}$ und Mengen, die ihr gleichmächtig sind.

Definition 4.10 Eine Menge, die gleichmächtig mit $\mathbb{N}$ ist, heißt *abzählbar*. Die Mächtigkeit von $\mathbb{N}$ bezeichnet man mit $|\mathbb{N}| = \aleph_0$ („Aleph-Null").

Man kann zeigen, dass $\aleph_0$ die kleinste Mächtigkeit einer unendlichen Menge ist, das heißt, „zwischen" den endlichen Zahlen und $\aleph_0$ gibt es keine Kardinalzahlen. Wir werden dies hier nicht beweisen.

Satz 4.3 *Es gilt* $|\mathbb{N} \times \mathbb{N}| = |\mathbb{N}|$, *das heißt,* $|\mathbb{N} \times \mathbb{N}|$ *ist abzählbar.*

Beweis Die Paare (n, m), $n, m \in \mathbb{N}$, lassen sich nach dem sogenannten Diagonalverfahren von Cantor anordnen. Wir schreiben solche Paare als eine nach rechts und nach unten unendliche Tabelle wie folgt:

$$
\begin{array}{cccc}
(1,1) & (1,2) & (1,3) & (1,4) \ldots \\
(2,1) & (2,2) & (2,3) & (2,4) \ldots \\
(3,1) & (3,2) & (3,3) & (3,4) \ldots \\
\vdots & \vdots & \vdots &
\end{array}
$$

Nun ordnen wir die Paare entlang der Diagonalen an:

$$(1, 1), (1, 2), (2, 1), (1, 3), (2, 2), (3, 1), (1, 4), (2, 3), \ldots.$$

Die Bijektion $f : (n, m) \mapsto \frac{1}{2}(n + m - 2)(n + m - 1) + n$ ordnet dabei einem Paar (n, m) die Nummer seiner Position in der Reihenfolge zu. In der Tat,

$$(1, 1) \mapsto \frac{1}{2}(2 - 2)(2 - 1) + 1 = 1,$$

$$(1, 2) \mapsto \frac{1}{2}(3 - 2)(3 - 1) + 1 = 1 + 1 = 2,$$

$$(2, 1) \mapsto \frac{1}{2}(3 - 2)(3 - 1) + 2 = 1 + 2 = 3,$$

$$(1, 3) \mapsto \frac{1}{2}(4 - 2)(4 - 1) + 1 = 3 + 1 = 4,$$

$$(2, 2) \mapsto \frac{1}{2}(4 - 2)(4 - 1) + 2 = 3 + 2 = 5,$$

$$(3, 1) \mapsto \frac{1}{2}(4 - 2)(4 - 1) + 3 = 3 + 3 = 6,$$

$$(1, 4) \mapsto \frac{1}{2}(5 - 2)(5 - 1) + 1 = 6 + 1 = 7, \quad \text{usw.}$$

Die angegebene Abbildung ist eine Bijektion von $\mathbb{N} \times \mathbb{N}$ auf $\mathbb{N}$. Folglich sind diese zwei Mengen gleichmächtig. □

Korollar 4.1 *Es gilt* $|\mathbb{Q}| = |\mathbb{N}|$, *d. h.,* $\mathbb{Q}$ *ist abzählbar.*

Beweis Es ist $\mathbb{Q} = \{0\} \cup \{q \in \mathbb{Q} : q > 0\} \cup \{q \in \mathbb{Q} : q < 0\}$. Es gilt $\mathbb{N} \subseteq \{q \in \mathbb{Q} : q > 0\} = \{\frac{n}{m} : n, m \in \mathbb{N}\}$, und die letzte Menge kann als eine Teilmenge von $\mathbb{N} \times \mathbb{N}$ aufgefasst werden. Es folgt, dass $\aleph_0 \leq |\{q \in \mathbb{Q} : q > 0\}| \leq \aleph_0$. Also ist die Menge $\{q \in \mathbb{Q} : q > 0\} = \{q_1, q_2, \ldots\}$ abzählbar. Dann ist auch $\{q \in \mathbb{Q} : q < 0\} = \{-q_1, -q_2, -q_3, \ldots\}$, und schließlich ist auch

$$\mathbb{Q} = \{0, q_1, -q_1, q_2, -q_2, \ldots\}$$

abzählbar. □

Es gibt unendliche Mengen, welche nicht abzählbar sind. Diese sind zwangsläufig „größer" als abzählbare Mengen. Unendliche Mengen, die nicht abzählbar sind, heißen *überabzählbar*.

Satz 4.4 *Die Menge* $(0, 1)$ *ist überabzählbar.*

Beweis Wir beweisen die Aussage durch Widerspruch. Wir nehmen an, dass $(0, 1)$ abzählbar ist. In diesem Fall lassen sich Elemente von $(0, 1)$ als eine Liste anordnen: $(0, 1) = \{r_1, r_2, r_3, r_4, \ldots\}$.

Reelle Zahlen im Intervall $(0, 1)$ lassen sich als unendliche periodische oder nicht periodische Dezimalbrüche darstellen. Dabei verstehen wir endliche Dezimalbrüche als unendliche periodische Dezimalbrüche mit Periode 0. Es gilt also $r_n = 0{,}d_{n,1}d_{n,2}d_{n,3}\ldots$, wobei $d_{n,k} \in \{0, 1, 2, \ldots, 9\}$ die Ziffern der Dezimaldarstellung von r_n sind und keine Dezimalbrüche mit der Periode 9 vorkommen.

Nun konstruieren wir eine reelle Zahl $r = 0{,}d_1d_2d_3\ldots$ im Intervall $(0, 1)$, welche nicht in der Menge $\{r_1, r_2, r_3, r_4, \ldots\}$ enthalten ist. Wir wählen für d_1 eine Ziffer, die von $d_{1,1}$ und 9 verschieden ist. Damit haben wir $r \neq r_1$. Für d_2 wählen wir eine Ziffer, welche von $d_{2,2}$ und 9 verschieden ist. Daher gilt $r \neq r_2$. Des Weiteren wählen wir für d_3 eine Ziffer, welche von $d_{3,3}$ und 9 verschieden ist. Das garantiert, dass $r \neq r_3$. Wir wiederholen dieses Verfahren für jede der Ziffern der Zahl r. Für die so konstruierte reelle Zahl r gilt $r \in (0, 1)$, aber $r \notin \{r_1, r_2, r_3, r_4, \ldots\}$.

Der Widerspruch beweist, dass man Elemente von $(0, 1)$ nicht als eine Liste anordnen kann. Das bedeutet, dass $(0, 1)$ nicht abzählbar ist. □

Satz 4.5 *Die Mengen $(0, 1)$ und $\mathbb{R}$ sind gleichmächtig. Insbesondere ist die Menge $\mathbb{R}$ überabzählbar.*

Beweis Die Abbildung $f : \mathbb{R} \to (0, 1)$, $f(x) = \frac{1}{\pi}(\arctan x + \frac{\pi}{2})$ liefert eine Bijektion zwischen den Mengen $\mathbb{R}$ und $(0, 1)$. □

Die Mächtigkeit von $\mathbb{R}$ ist $|\mathbb{R}| = \mathfrak{c}$, die *Mächtigkeit des Kontinuums*. Es stellt sich die Frage, ob $\mathfrak{c}$ die nächste Kardinalzahl nach $\aleph_0$ ist: Gilt $\mathfrak{c} = \aleph_1$? Man kann zeigen, dass man das weder beweisen noch widerlegen kann. Die Aussage $\mathfrak{c} = \aleph_1$ ist die sogenannte *Kontinuumshypothese*. Sie ist unabhängig von den Axiomen der Mengenlehre. Es gibt Modelle der axiomatischen Mengenlehre mit $\mathfrak{c} = \aleph_1$ sowie andere Modelle mit $\mathfrak{c} \neq \aleph_1$.

4.6 Aufgaben

4.1 Gegeben seien die Funktionen

$$f_1 : \mathbb{R} \to \mathbb{R},\ x \mapsto \sin x,$$
$$f_2 : \left[-\frac{\pi}{2}, \frac{\pi}{2}\right] \to \mathbb{R},\ x \mapsto \sin x,$$
$$g : \mathbb{N} \to \mathbb{R},\ n \mapsto \frac{n}{n+1}.$$

Bestimmen Sie folgende Bilder und Urbilder:

$$f_1\left(\left[0, \frac{\pi}{2}\right]\right), \quad f_1\left(\left\{\frac{\pi}{4}\right\}\right), \quad f_1(\mathbb{R}),$$

$$f_2\left(\left[0, \frac{\pi}{2}\right]\right), \quad f_2\left(\left\{\frac{\pi}{4}\right\}\right),$$

$$f_1^{-1}(\{0\}), \quad f_1^{-1}([0,1]), \quad f_1^{-1}((2,3)), \quad f_1^{-1}(\mathbb{R}),$$

$$f_2^{-1}(\{0\}), \quad f_2^{-1}([0,1]), \quad f_2^{-1}((2,3)), \quad f_2^{-1}(\mathbb{R}),$$

$$g(\{1,2,3\}), \quad g^{-1}\left(\left\{\frac{7}{8}, \frac{8}{9}, 1\right\}\right), \quad g^{-1}(\mathbb{R}).$$

4.2 Sei $f : X \to Y$ eine Abbildung und seien $A_1, A_2 \subseteq X$, $B, B_1, B_2 \subseteq Y$. Beweisen Sie folgende Aussagen:

(a) $f(A_1 \setminus A_2) \supseteq f(A_1) \setminus f(A_2)$,
(b) $f^{-1}(B_1 \cap B_2) = f^{-1}(B_1) \cap f^{-1}(B_2)$,
(c) $f(f^{-1}(B)) \subseteq B$.

Zeigen Sie auch, dass die Aussagen in (a) und in (c) nicht mit „=" geschrieben werden können.

4.3 Gegeben seien die Mengen

$$M_1 = \{1\}, \quad M_2 = \{1, 2\}.$$

Finden Sie alle Abbildungen

(a) von M_1 nach M_1,
(b) von M_1 nach M_2,
(c) von M_2 nach M_1,
(d) von M_2 nach M_2.

Geben Sie für jede dieser Abbildungen den dazugehörigen Graphen an. Entscheiden Sie für jede dieser Abbildungen, ob sie jeweils injektiv, surjektiv, bijektiv ist.

4.4 Bestimmen Sie für folgende Abbildungen, ob sie injektiv, surjektiv, bijektiv sind:

(a) $f_1 : \mathbb{R} \to \mathbb{R}$, $f_1(x) = |x| - 2$,
(b) $f_2 : (-\infty, -2] \to [0, \infty)$, $f_2(x) = |x| - 2$,
(c) $g : \mathbb{R} \to \mathbb{R}$, $g(x) = ax + b$ mit $a, b \in \mathbb{R}$,
(d) $h : \mathbb{N} \to \mathbb{N}$, $h(n) = n^2$.

4.5 Bestimmen Sie den maximalen Definitionsbereich für jede der folgenden Funktionen. Schränken Sie, wenn nötig, für jede der Funktionen den Definitionsbereich und den Wertebereich so ein, dass die neu definierte Funktion bijektiv ist, und geben Sie die Umkehrfunktion an.

(a) $f(x) = \frac{1}{2}x - 3$,
(b) $g(x) = 2x^2 + 1$,
(c) $h(x) = \sqrt{2 - x^2}$,
(d) $u(x) = \frac{1}{x}$,
(e) $v(x) = e^x + 1$.

4.6 Seien

$$f : \mathbb{R} \to \mathbb{R}, \ f(x) = 2x^2 + 1 \quad \text{und} \quad g : (0, \infty) \to \mathbb{R}, \ g(x) = \ln x.$$

Bilden Sie die Verkettungen $f \circ f$, $f \circ g$, $g \circ f$, $g \circ g$, wenn möglich.

4.7

(a) Zeigen Sie, dass die Menge $\mathbb{Z}$ abzählbar ist.
(b) Zeigen Sie, dass die Menge aller ganzen Zahlen, die bei Division durch 3 den Rest 1 ergeben, abzählbar ist.

Elementare Zahlentheorie

In den Kap. 2 bis 4 haben wir uns mit grundlegenden Begriffen und Techniken der Mathematik auseinandergesetzt. Diese werden Sie in Ihrem gesamten Studium begleiten.

Die beiden letzten Kap. 5 und 6 dienen der Veranschaulichung der Arbeitsweise, die wir in Kap. 2–4 kennengelernt haben. Im Kap. 5 beschäftigen wir uns mit elementarer Zahlentheorie. In Abschn. 5.1 und 5.2 geht es um Teilbarkeit und die Primzahlen. Diese Ihnen schon aus der Schule bekannten Themen werden benutzt, um Logik und Beweistechniken zu üben. Im Abschn. 5.3 wird ein weiteres Thema aus der elementaren Zahlentheorie betrachtet – Kongruenz modulo m und Restklassen. Dabei werden zuerst im Unterabschnitt 5.3.1 Relationen eingeführt.

Kap. 5 und das darauffolgende Kap. 6 sind weitgehend voneinander unabhängig. Möchte man sich direkt mit Inhalten des Kap. 6 beschäftigen, soll man im Kap. 5 lediglich die erste Hälfte des Unterabschnitts 5.3.1 lesen.

5.1 Teilbarkeit

Wir haben Teilbarkeit bereits in Kap. 2 und 3 gesehen; diese Thematik lieferte uns einige Beispiele. Nun werden wir uns mit Teilbarkeit systematisch beschäftigen.

Definition 5.1 Seien $a, b \in \mathbb{Z}$. a *teilt* b genau dann, wenn es ein $n \in \mathbb{Z}$ gibt mit $n \cdot a = b$. In diesem Fall ist a ein *Teiler* von b. Wir schreiben $a|b$.

Beispiel 5.1 (Teilbarkeit)

(i) $3|(-21)$, da $3 \cdot (-7) = -21$.
(ii) $2 \nmid 13$, da es keine Zahl $n \in \mathbb{Z}$ gibt, für die $13 = 2n$ gilt.
(iii) $\forall n \in \mathbb{Z} : 1|n$, da $1 \cdot n = n$.
(iv) $\forall n \in \mathbb{Z} : n|0$, da $n \cdot 0 = 0$.
(v) $\forall n \in \mathbb{Z} \setminus \{0\} : 0 \nmid n$, da $0 \cdot k = 0 \neq n$ für alle $k \in \mathbb{Z}$.

Satz 5.1 (Elementare Teilbarkeitsregeln)
Für $a, b, c, p, q \in \mathbb{Z}$ gilt:

(i) $a|a$ *(jede Zahl ist Teiler von sich selbst),*
(ii) $a|b \wedge b|c \implies a|c,$
(iii) $a|b \wedge a|c \implies a|(b+c),$
(iv) $a|b \implies a|(bc),$
(v) $a|p \wedge b|q \implies (ab)|(pq).$

Beweis Wir beweisen Regeln (i)–(iii); Regeln (iv) und (v) werden in Aufgaben behandelt.

(i) $a|a$ folgt sofort aus $a \cdot 1 = a$.
(ii) Es gelte $a|b$ und $b|c$. Dann existieren $n, m \in \mathbb{Z}$ mit $b = na$, $c = mb$. Dann gilt aber $c = mb = mna = (mn)a = ka$ mit $k = mn \in \mathbb{Z}$. Folglich gilt $a|c$.
(iii) Es gelte $a|b$ und $a|c$. Dann existieren $n, m \in \mathbb{Z}$ mit $b = na$, $c = ma$. Dann ist $b + c = na + ma = (n+m)a = ka$ mit $k = n + m \in \mathbb{Z}$. Folglich gilt $a|(b+c)$. □

Definition 5.2 Für eine Zahl $a \in \mathbb{Z}$ ist ihre *Teilermenge* $T(a)$ die Menge aller Teiler von a:
$$T(a) = \{p \in \mathbb{Z} : p|a\}.$$

Beispiel 5.2 (Teilermenge) $T(2) = \{\pm 1, \pm 2\}$, $T(12) = \{\pm 1, \pm 2, \pm 3, \pm 4, \pm 6, \pm 12\}$, $T(0) = \mathbb{Z}$.

Lemma 5.1 *Für $a, b \in \mathbb{Z}$ gilt:*

(i) *Ist $b \neq 0$, so folgt aus $a|b$, dass $|a| \leq |b|$.*
(ii) $a|b \iff T(a) \subseteq T(b).$

Beweis

(i) Es gelte $b \neq 0$ und $a|b$. Dann existiert ein $n \in \mathbb{Z}$ mit $b = na$, wobei $n \neq 0$. Dann gilt $a = \frac{b}{n}$, und mit $|n| \geq 1$ folgt $|a| = \frac{|b|}{|n|} \leq \frac{|b|}{1} = |b|$.

5.1 Teilbarkeit

(ii) $\implies$ Zu zeigen: $a|b \implies T(a) \subseteq T(b)$.
Sei $a|b$. Wir zeigen nun, dass $p \in T(a) \implies p \in T(b)$. Gilt $p|a$ und $a|b$, dann gilt nach Theorem 5.1 (ii), dass $p|b$. Das heißt, $p \in T(b)$, und die Behauptung folgt.

$\impliedby$ Wir beweisen diese Richtung durch Kontraposition. Zu zeigen: $a \nmid b \implies T(a) \nsubseteq T(b)$.
In der Tat, gilt $a \nmid b$, so glit $a \in T(a)$ und $a \notin T(b)$. Folglich, $T(a) \nsubseteq T(b)$. □

Korollar 5.1 *Ist $a \neq 0$, so ist die Menge $T(a)$ endlich.*

Beweis Ist p ein Teiler von $a \neq 0$, so gilt $|p| \leq |a|$. Es folgt, dass $T(a) \subseteq \{\pm 1, \pm 2, \ldots, \pm a\}$. Folglich ist $T(a)$ endlich. □

Definition 5.3 Seien $a, b \in \mathbb{Z}$ und nicht beide Null. Der *größte gemeinsame Teiler* von a und b ist die größte natürliche Zahl d mit $d|a$ und $d|b$. Wir schreiben $d = \mathrm{ggT}(a, b)$.

Bemerkung 5.1

(i) $\mathrm{ggT}(a, b) = \mathrm{ggT}(b, a) = \mathrm{ggT}(|a|, |b|)$.
(ii) Für $a \neq 0$ gilt $\mathrm{ggT}(a, 0) = |a|$, da $|a|$ das größte Element in $T(a)$ ist und $T(0) = \mathbb{Z}$.
(iii) Seien a und b beide Null, so ist jede ganze Zahl ein gemeinsamer Teiler von a und b. In diesem Fall kann man also nicht von einem größten gemeinsamen Teiler reden.

Satz 5.2 (Division mit Rest) *Seien $a \in \mathbb{Z}, b \in \mathbb{N}$.*

(i) *Es existieren eindeutig bestimme Zahlen $q, r \in \mathbb{Z}$, sodass*

$$a = q \cdot b + r, \quad 0 \leq r < b. \tag{5.1}$$

(ii) *q in der Darstellung (5.1) ist die größte Zahl in $\mathbb{Z}$ mit $qb \leq a$.*
(iii) *$b|a \iff r = 0$.*

Beweis Wir beweisen zunächst die Eindeutigkeit der Darstellung (5.1). Es sei

$$a = q_1 b + r_1 = q_2 b + r_2 \quad \text{mit} \quad q_1, q_2, r_1, r_2 \in \mathbb{Z},\ 0 \leq r_1 < b,\ 0 \leq r_2 < b.$$

Dann gilt $q_1 b - q_2 b = r_2 - r_1$, sodass $r_2 - r_1 = (q_1 - q_2)b$, wobei $q_1 - q_2 \in \mathbb{Z}$. Folglich, $b|(r_2 - r_1)$. Für die beiden Reste r_1 und r_2 bekommen wir

$$0 \leq r_2 < b, \quad -b < -r_1 \leq 0,$$

sodass $-b < r_2 - r_1 < b$. Insbesondere gilt $|r_2 - r_1| < b$. Aus $b|(r_2 - r_1)$ folgt dann $r_2 - r_1 = 0$, und folglich $r_1 = r_2$. Dann ist aber auch $(q_1 - q_2)b = 0$, und wegen $b \neq 0$ muss auch $q_1 = q_2$ gelten. Die Darstellung ist also eindeutig.

Jetzt beweisen wir die Existenz und die Struktur der Darstellung (5.1). Sei $q \in \mathbb{Z}$ die größte Zahl in $\mathbb{Z}$ mit $qb \leq a$. Wir betrachten zwei Fälle.

1. Fall: $qb = a$. (Dies ist äquivalent zu $b|a$). Dann ist $a = qb + 0$ mit $r = 0$. Andererseits folgt aus $r = 0$, dass $a = qb$ und $b|a$.

2. Fall: $qb < a$. Insbesondere gilt $b \nmid a$. Definiere $r = a - qb > 0$. Dann gilt $a = qb + r$ und $r > 0$. Es bleibt zu zeigen, dass $r < b$, was wir mittels Widerspruchsbeweis zeigen. Dazu nehmen wir an, dass $r \geq b$. Dann ist $r = b + s$ mit $s \geq 0$, und es folgt

$$a = qb + r = qb + b + s = (q+1)b + s,$$

und somit

$$(q+1)b = a - s \leq a,$$

was einen Widerspruch zur Wahl von q darstellt: q ist die größte Zahl in $\mathbb{Z}$ mit $qb \leq a$. Es gilt also $r < b$. □

Beispiel 5.3 (Division mit Rest)

(i) Seien $a = 12, b = 5$. Dann ist $12 = 5 \cdot 2 + 2$, also $q = 2, r = 2$.
(ii) Seien $a = 15, b = 5$. Dann ist $15 = 5 \cdot 3 + 0$, also $q = 3, r = 0$, und $5|15$.
(iii) Seien $a = 3, b = 5$. Dann ist $3 = 5 \cdot 0 + 3$, also $q = 0, r = 3$.
(iv) Seien $a = -12, b = 5$. Dann ist $-12 = 5 \cdot (-3) + 3$, also $q = -3, r = 3$.

Lemma 5.2 *Seien $a, b \in \mathbb{N}$. Seien weiter $q, r \in \mathbb{N} \cup \{0\}$ die Zahlen mit*

$$a = qb + r \quad und \quad 0 \leq r < b.$$

Dann gilt $\mathrm{ggT}(a, b) = \mathrm{ggT}(b, r)$.

Beweis Seien $d = \mathrm{ggT}(a, b)$ und $t = \mathrm{ggT}(b, r)$. Wir wollen zeigen, dass $d = t$.

Da $d = \mathrm{ggT}(a, b)$, gilt $d|a$ und $d|b$. Es ist

$$r = a - qb = a + (-q)b \quad \text{mit} \quad -q \in \mathbb{Z}.$$

Nach Satz 5.1 gilt weiter $d|(-q)b$ und schließlich $d|r$. Somit ist d ein gemeinsamer Teiler von b und r, und hiermit $d \leq \mathrm{ggT}(b, r) = t$.

Andererseits gilt für $t = \mathrm{ggT}(b, r)$, dass $t|b, t|r$, und wieder mit Satz 5.1 $t|(qb)$ und $t|(qb + r)$. Wegen $a = qb + r$ haben wir bewiesen, dass $t|a$. Also ist t ein gemeinsamer Teiler von a und b, und damit folgt $t \leq \mathrm{ggT}(a, b) = d$.

Wir haben damit gezeigt, dass $d \leq t$ und $t \leq d$. Es folgt, dass $d = t$. □

5.1 Teilbarkeit

Wir beschäftigen uns nun mit dem *euklidischen Algorithmus*. Dies ist ein Verfahren zur Bestimmung des $\mathrm{ggT}(a, b)$ für gegebene $a, b \in \mathbb{N}$.

Satz 5.3 (Euklidischer Algorithmus) *Seien $a, b \in \mathbb{N}$ und sei $a \geq b$. Der $\mathrm{ggT}(a, b)$ kann mittels wiederholter Division mit Rest nach folgendem Schema – dem sogenannten euklidischen Algorithmus – berechnet werden:*

$$\begin{aligned}
a &= q_1 b + r_1, & q_1, r_1 &\in \mathbb{N} \cup \{0\}, & 0 &\leq r_1 < b, \\
b &= q_2 r_1 + r_2, & q_2, r_2 &\in \mathbb{N} \cup \{0\}, & 0 &\leq r_2 < r_1, \\
r_1 &= q_3 r_2 + r_3, & q_3, r_3 &\in \mathbb{N} \cup \{0\}, & 0 &\leq r_3 < r_2 \;\; \textit{usw.}
\end{aligned}$$

Der Algorithmus bricht nach endlich vielen Schritten ab: Es gibt ein kleinstes n mit $r_{n+1} = 0$, also

$$r_{n-1} = q_{n+1} r_n, \quad q_{n+1} \in \mathbb{N} \cup \{0\}, \quad r_{n+1} = 0.$$

Dann gilt $\mathrm{ggT}(a, b) = r_n$.

Bevor wir uns mit dem Beweis beschäftigen, veranschaulichen wir den Algorithmus anhand eines Beispiels.

Beispiel 5.4 (Euklidischer Algorithmus)
Gesucht ist der $\mathrm{ggT}(682, 418)$. Wir wenden den euklidischen Algorithmus wie folgt an:

$$\begin{aligned}
682 &= 1 \cdot 418 + 264, & q_1 &= 1, & r_1 &= 264, \\
418 &= 1 \cdot 264 + 154, & q_2 &= 1, & r_2 &= 154, \\
264 &= 1 \cdot 154 + 110, & q_3 &= 1, & r_3 &= 110, \\
154 &= 1 \cdot 110 + 44, & q_4 &= 1, & r_4 &= 44, \\
110 &= 2 \cdot 44 + 22, & q_5 &= 2, & r_5 &= 22, \\
44 &= 2 \cdot 22 + 0, & q_6 &= 2, & r_6 &= 0.
\end{aligned}$$

Damit ist $\mathrm{ggT}(682, 418) = 22$.

Bemerkung 5.2 Da $\mathrm{ggT}(a, b) = \mathrm{ggT}(|a|, |b|)$ und $\mathrm{ggT}(a, 0) = |a|$, genügt es, $a, b \in \mathbb{N}$ zu betrachten.

Beweis (*Satz* 5.3) Der Algorithmus endet in endlich vielen Schritten, da in jedem Schritt $r_{i+1} < r_i$ gilt.
Nach Lemma 5.2 gilt

$$\mathrm{ggT}(a, b) = \mathrm{ggT}(b, r_1) = \mathrm{ggT}(r_1, r_2) = \ldots = \mathrm{ggT}(r_n, r_{n+1}).$$

Da aber $r_{n+1} = 0$ ist, gilt $\mathrm{ggT}(a, b) = \mathrm{ggT}(r_n, 0) = r_n$. □

Definition 5.4 Zwei Zahlen $a, b \in \mathbb{Z}$ heißen *teilerfremd (relativ prim)*, wenn $\mathrm{ggT}(a, b) = 1$.

Satz 5.4 (Lemma von Bezout)
Seien $a, b \in \mathbb{N}$. Dann gibt es $k, m \in \mathbb{Z}$ derart, dass $\mathrm{ggT}(a, b) = ka + mb$.

Beweis Wir betrachten die Zeilen des euklidischen Algorithmus von unten nach oben. Die vorletzte Zeile lautet

$$r_{n-2} = q_n r_{n-1} + r_n \quad \text{und} \quad r_n = \mathrm{ggT}(a, b).$$

Es folgt

$$r_n = r_{n-2} - q_n r_{n-1}. \tag{5.2}$$

Die vorvorletzte Zeile liefert

$$r_{n-3} = q_{n-1} r_{n-2} + r_{n-1},$$

und folglich

$$r_{n-1} = r_{n-3} - q_{n-1} r_{n-2}.$$

Eingesetzt in (5.2) ergibt das

$$r_n = r_{n-2} - q_n(r_{n-3} - q_{n-1} r_{n-2}) = (1 + q_n q_{n-1}) r_{n-2} - q_n r_{n-3}.$$

Es gilt also

$$r_n = m_{n-2} r_{n-2} + k_{n-2} r_{n-3} \quad \text{mit} \quad m_{n-2}, k_{n-2} \in \mathbb{Z}. \tag{5.3}$$

Mit der nächsten Zeile erhalten wir

$$r_{n-4} = q_{n-2} r_{n-3} + r_{n-2},$$

und folglich

$$r_{n-2} = r_{n-4} - q_{n-2} r_{n-3}.$$

Eingesetzt in (5.3) ergibt das

$$r_n = m_{n-3} r_{n-3} + k_{n-3} r_{n-4} \quad \text{mit} \quad m_{n-3}, k_{n-3} \in \mathbb{Z}.$$

Fahren wir so fort, erhalten wir $r_n = m_0 b + k_0 a$ mit $m_0, k_0 \in \mathbb{Z}$, was der gewünschten Darstellung entspricht. □

5.2 Primzahlen

Primzahlen spielen eine fundamentale Rolle in elementarer Zahlentheorie. Wir wiederholen hier ihre Definition.

Definition 5.5 Eine *Primzahl* ist eine natürliche Zahl, die durch genau zwei natürliche Zahlen teilbar ist.

Beispiel 5.5 Exemplarisch listen wir die Primzahlen ≤ 100 auf. Diese lauten

2, 3, 5, 7, 11, 13, 17, 19, 23, 29, 31, 37, 41, 43, 47, 53, 59, 61, 67, 71, 73, 79, 83, 89, 97.

Eine wichtige Eigenschaft von Primzahlen haben wir bereits in Kap. 3 bewiesen, nämlich dass es unendlich viele Primzahlen gibt (s. Satz 3.6).

Nun beweisen wir den Satz, welchen wir schon mehrere Male in unseren Beispielen in Kap. 2 und 3 angewendet haben.

Satz 5.5 (Lemma von Euklid)
Seien $a, b \in \mathbb{N}$ und p eine Primzahl. Es gilt:

$$p|ab \implies p|a \text{ oder } p|b.$$

Beweis Es gelte $p|ab$.

Gilt $p|a$, so ist die Aussage bereits beweisen.

Wir nehmen nun an, dass $p \nmid a$. In diesem Fall müssen wir zeigen, dass $p|b$ gilt. Es ist $T(p) = \{\pm 1, \pm p\}$. Aus $p \nmid a$ folgt, dass $\mathrm{ggT}(p, a) = 1$. Nach dem Lemma von Bezout (Satz 5.4) gilt

$$\mathrm{ggT}(p, a) = 1 = np + ma \quad \text{mit} \quad n, m \in \mathbb{Z}.$$

Multiplizieren wir diese Gleichung mit b, so erhalten wir

$$b = npb + mab.$$

Nach der Voraussetzung $p|ab$, und folglich existiert ein $k \in \mathbb{Z}$ mit $ab = kp$. Dann gilt

$$b = npb + mkp = p(nb + mk) = p\ell \quad \text{mit} \quad \ell \in \mathbb{Z}.$$

Das heißt, $p|b$, was zu zeigen war. □

Satz 5.6 (Charakterisierung der Primzahlen) *Eine natürliche Zahl $p > 1$ ist genau dann eine Primzahl, wenn*

$$\forall\, a, b \in \mathbb{N} \setminus \{1\} : (p|ab \implies p|a \vee p|b). \tag{5.4}$$

Beweis Die direkte Richtung folgt aus dem obigen Lemma von Euklid. Wir beweisen nun die umgekehrte Richtung. Es gelte

$$\forall\, a, b \in \mathbb{N} \setminus \{1\} : (p|ab \implies p|a \vee p|b).$$

Zu zeigen: p ist eine Primzahl. Dazu nehmen wir an, dass p keine Primzahl ist. Dann gibt es $r, s \in \mathbb{N}$, $1 < r, s < p$ derart, dass $p = rs$. Für das Produkt rs gilt

$$p|rs, \text{ aber } p \nmid r \text{ (weil } r < p) \text{ und } p \nmid s \text{ (weil } s < p).$$

Dies ist ein Widerspruch zur Voraussetzung, p ist also eine Primzahl. □

Bemerkung 5.3 Beachte, dass wir in (5.4) den Wert 1 für a oder b ausgeschlossen haben. Ist eine der Zahlen a, b gleich 1, so ist die Aussage $p|ab \implies p|a \vee p|b$ eine Tautologie. In der Tat, sei o. B. d. A. $a = 1$. Die Implikation $p|(1 \cdot b) \implies p|b$ gilt für alle p, insbesondere auch, wenn p keine Primzahl ist.

Wir nähern uns einem wichtigen Resultat.

Satz 5.7 (Fundamentalsatz der Arithmetik)

Sei $n > 1$ eine natürliche Zahl. Dann kann n als Produkt endlich vieler Primzahlen dargestellt werden. Diese Darstellung ist eindeutig bis auf die Reihenfolge der Faktoren.

Die Darstellung in Satz 5.7 heißt *Primfaktorzerlegung* (oder *Primfaktorenzerlegung*).

Beweis Der Beweis erfolgt in zwei Schritten.
    Zunächst beweisen wir die Existenz der Zerlegung.
    Ist n eine Primzahl, so ist ist $n = n$ eine Primfaktorzerlegung von n (mit einem Faktor).
    Wir nehmen also an, dass n keine Primzahl ist. Wir beweisen die Existenz der Primfaktorzerlegung durch Widerspruch. Wir nehmen an, dass es Zahlen gibt, die nicht als Produkt von Primzahlen dargestellt werden können. Sei $n_0 \in \mathbb{N}$ die kleinste Zahl mit dieser Eigenschaft. Dann ist n_0 keine Primzahl (sonst wäre $n_0 = n_0$ eine Primfaktorzerlegung). Da n_0 keine Primzahl ist, gilt $n_0 = ab$ mit $a, b \in \mathbb{N}$, $1 < a, b < n_0$. Die Zahlen a und b können aber als Produkte von Primzahlen dargestellt werden, da sie kleiner als n_0 sind und n_0 der Annahme nach die kleinste Zahl ist, welche nicht als Produkt von Primzahlen dargestellt werden kann. Es gilt also

$$a = p_1 \ldots p_s \quad \text{und} \quad b = p_{s+1} \ldots p_k$$

für gewisse Primzahlen $p_1, \ldots, p_k$. Dann gilt aber

$$n_0 = ab = p_1 \ldots p_s p_{s+1} \ldots p_k.$$

5.2 Primzahlen

Somit kann n_0 also als Produkt von Primzahlen dargestellt werden – Widerspruch. Folglich kann jede Zahl als Produkt von Primzahlen dargestellt werden.

Nun beweisen wir die Eindeutigkeit der Zerlegung.

Ist n eine Primzahl, dann ist $n = n$, und es gibt keine weitere Primfaktorzerlegung, da n durch keine weiteren Primzahlen teilbar ist.

Wir nehmen also an, dass n keine Primzahl ist. Auch die Eindeutigkeit der Primfaktorzerlegung beweisen wir durch Widerspruch. Wir nehmen an, dass es Zahlen gibt, die (mindestens) zwei unterschiedliche Primfaktorzerlegungen haben. Sei $n_0 \in \mathbb{N}$ die kleinste Zahl mit dieser Eigenschaft. Seien nun

$$n_0 = p_1 p_2 \ldots p_r = q_1 q_2 \ldots q_s$$

zwei verschiedene Darstellungen der Zahl n_0, wobei wir die Faktoren der Größe nach geordnet haben:

$$p_1 \leq p_2 \leq \ldots \leq p_r, \quad q_1 \leq q_2 \leq \ldots \leq q_s.$$

Dann gilt $p_1 \neq q_1$, da wir ansonsten für $a = \frac{n_0}{p_1} < n_0$ zwei verschiedene Darstellungen $a = p_2 \ldots p_r = q_2 \ldots q_s$ hätten. Dies widerspricht der Tatsache, dass n_0 die kleinste Zahl mit dieser Eigenschaft ist. Es gilt also $p_1 \neq q_1$. Dann ist

$$n_0 = p_1 a = q_1 b \quad \text{mit} \quad a, b \in \mathbb{N}, \quad a \neq b, \quad a, b < n_0.$$

Es gilt weiter

$$p_1 | n_0 \implies p_1 | (q_1 b) \implies p_1 | q_1 \text{ oder } p_1 | b.$$

Da aber q_1 eine Primzahl ist und $q_1 \neq p_1$, kann p_1 kein Teiler von q_1 sein. Es folgt, dass $p_1 | b$. Damit ist p_1 ein gemeinsamer Faktor in den beiden Zerlegungen

$$n_0 = p_1 \ldots p_r = q_1 \ldots q_s.$$

Deswegen existiert ein i, $1 < i \leq s$, mit $p_1 = q_i$. Dann aber gilt für $a = \frac{n_0}{p_1}$

$$a = p_2 \ldots p_r = q_1 \ldots q_{i-1} q_{i+1} \ldots q_s.$$

Da die Faktoren der Größe nach geordnet sind und $q_1 \neq p_1$, gilt $q_1 < q_i = p_1$, und andererseits $p_2 \geq p_1$. Es ist also $p_2 \neq q_1$. Die Zahl a hat also zwei verschiedene Primfaktorzerlegungen, und $a = \frac{n_0}{p_1} < n_0$, was unserer Annahme, dass n_0 die kleinste Zahl mit dieser Eigenschaft ist, widerspricht. Das beweist, dass die Zerlegung eindeutig ist. □

Beispiel 5.6 (Primfaktorzerlegungen)

(i) $52 = 2 \cdot 26$, $26 = 2 \cdot 13$, 13 ist eine Primzahl, also ist $52 = 2 \cdot 2 \cdot 13$ die Primfaktorzerlegung von 52.

(ii) $2520 = 2 \cdot 1260$, $1260 = 2 \cdot 630$, $630 = 2 \cdot 315$. 315 ist nicht mehr durch 2 teilbar, wir testen also 3. Es gilt $315 = 3 \cdot 105$, $105 = 3 \cdot 35$. 35 ist nicht mehr durch 3 teilbar, wir testen also 5. $35 = 5 \cdot 7$; 7 ist eine Primzahl. Damit ist die Primfaktorzerlegung von 2520 gleich $2520 = 2 \cdot 2 \cdot 2 \cdot 3 \cdot 3 \cdot 5 \cdot 7$.

Bemerkung 5.4 Seien $a = \prod_{j=1}^{M} p_j^{k_j}$ und $b = \prod_{j=1}^{M} p_j^{\ell_j}$ Zerlegungen von a und b, wobei $p_1, \ldots, p_M$ alle Primzahlen sind, die in den Primfaktorzerlegungen von a und b vorkommen, mit passenden Potenzen (die Exponenten k_j, ℓ_j können auch 0 sein; die Zerlegungen oben bestehen also aus Primfaktoren und Faktoren 1). Dann gilt

$$\mathrm{ggT}(a, b) = \prod_{j=1}^{M} p_j^{\min(k_j, \ell_j)}.$$

Beispiel 5.7 Wie wir wissen ist $\mathrm{ggT}(682, 418) = 22$. Die jeweiligen Primfaktorzerlegungen lauten

$$682 = 2 \cdot 341 = 2 \cdot 11 \cdot 31 \quad \text{und} \quad 418 = 2 \cdot 209 = 2 \cdot 11 \cdot 19.$$

Das ergibt

$$\mathrm{ggT}(682, 418) = 2 \cdot 11 = 22.$$

5.3 Kongruenz modulo m und Restklassen

5.3.1 Relationen

Wir beginnen mit einem einführenden Beispiel.

Beispiel 5.8 Betrachte die Menge aller im Hörsaal anwesenden Studierenden. Man kann Elemente dieser Menge miteinander in Beziehung setzen, wie z.B.

(i) „x und y sind in derselben Übungsgruppe",
(ii) „x und y kommen aus demselben Ort",
(iii) „x ist jünger als y",
(iv) „x hat eine längere Anreise als y".

Solche Beziehungen heißen Relationen. Formal werden sie wie folgt definiert.

Definition 5.6 Sei M eine Menge. Eine *Relation* R auf M ist eine Teilmenge des kartesischen Produktes $M \times M$:

$$R \subseteq M \times M.$$

5.3 Kongruenz modulo m und Restklassen

Für zwei Elemente $x, y \in M$ sagt man „x steht in Relation zu y", falls $(x, y) \in R$ gilt. Man schreibt in diesem Fall xRy, obwohl für Relationen in der Regel andere Symbole benutzt werden wie z. B.

$$<, \leq, =, \subseteq, \sim, \ll \text{ usw.}$$

Beispiel 5.9 (Relationen)

(i) Die Menge $\mathbb{R}$ mit der Relation $<$ („kleiner"). Dann ist $(x, y) \in R$, wenn $x < y$, d. h.,

$$R = \{(x, y) \in \mathbb{R} \times \mathbb{R} : x < y\}.$$

Beachte, dass aus $(x, y) \in R$ nicht folgt, dass $(y, x) \in R$. Zum Beispiel gilt $2 < 3$ und $(2, 3) \in R$, aber $(3, 2) \notin R$.

(ii) Die Menge $P(G)$ aller Teilmengen einer Grundmenge G mit der Relation $\subseteq$: $A \subseteq B$, wenn A eine Teilmenge von B ist. In diesem Fall

$$R = \{(A, B) \in P(G) \times P(G) : A \subseteq B\}.$$

(iii) Die Menge aller endlichen Teilmengen von $\mathbb{N}$ mit der Relation $\sim$: $A \sim B$, wenn A und B gleichmächtig sind (die gleiche Anzahl an Elementen haben).

(iv) Die Menge aller im Hörsaal anwesenden Studierenden mit der folgenden Relation: $x = y$, wenn x und y den gleichen Vornamen haben.

Wir haben oben gesehen, dass Relationen unterschiedliche Eigenschaften haben können. Die wichtigsten solcher Eigenschaften werden in folgender Definition zusammengefasst.

Definition 5.7 (Eigenschaften von Relationen) Sei M eine Menge und sei R eine Relation auf M.

(i) R heißt *transitiv*, wenn für alle $x, y, z \in M$ gilt: $xRy \wedge yRz \implies xRz$.
(ii) R heißt *reflexiv*, wenn für alle $x \in M$ gilt: xRx.
(iii) R heißt *symmetrisch*, wenn für alle $x, y \in M$ gilt: $xRy \implies yRx$.
(iv) R heißt *antisymmetrisch*, wenn für alle $x, y \in M$ gilt: $xRy \wedge yRx \implies x = y$.

Beispiel 5.10 In Beispiel 5.9 sind Relationen (i), (ii), (iii), (iv) transitiv; (ii), (iii), (iv) reflexiv; (i) nicht reflexiv; (iii), (iv) symmetrisch; (i), (ii) nicht symmetrisch; (ii) antisymmetrisch; (iii), (iv) nicht antisymmetrisch. Auch die Relation (i) ist formal antisymmetrisch, der Fall $x < y \wedge y < x$ kommt aber nicht vor.

Definition 5.8 Eine Relation R auf einer Menge M heißt *Äquivalenzrelation*, wenn R transitiv, reflexiv und symmetrisch ist.

Relationen (iii) und (iv) in Beispiel 5.9 sind Äquivalenzrelationen. Wir betrachten ein weiteres Beispiel.

Beispiel 5.11 Sei $M = \mathbb{Z}$. Wir betrachten folgende Relation: $x \equiv y$, wenn $x - y$ gerade ist.

Wir zeigen, dass das eine Äquivalenzrelation ist, indem wir die drei Eigenschaften einer Äquivalenzrelation nachweisen.

- Transitivität: Zu zeigen ist $x \equiv y \wedge y \equiv z \implies x \equiv z$. Das folgt aus folgender Überlegung: Sind $x - y$ und $y - z$ gerade, so ist $x - z = (x - y) + (y - z)$ gerade.
- Reflexivität: $x \equiv x$, da $x - x = 0$ gerade ist.
- Symmetrie: Zu zeigen ist $x \equiv y \implies y \equiv x$. Das folgt aus folgender Überlegung: Ist $x - y$ gerade, so ist auch $y - x = -(x - y)$ gerade.

Eine Äquivalenzrelation kann dazu benutzt werden, Elemente einer Menge in Gruppen einzuteilen, z. B. alle Studierenden, die in derselben Übungsgruppe sind.

Definition 5.9 Seien M eine Menge und $\sim$ eine Äquivalenzrelation auf M. Sei $a \in M$. Die *Äquivalenzklasse* von a ist wie folgt definiert:

$$[a] = \{b \in M : b \sim a\}.$$

Jedes Element $b \in [a]$ heißt *Repräsentant* der Äquivalenzklasse $[a]$. Weitere Bezeichnungen für die Äquivalenzklasse sind $C_a, \bar{a}$.

Beispiel 5.12 (Äquivalenzklassen) Wir beziehen uns auf Beispiel 5.9 (iii). Hier bestehen die Äquivalenzklassen aus Mengen, die gleich viele Elemente haben, z. B.

$$[\{1\}] = \{\{1\}, \{2\}, \{3\}, \ldots\},$$
$$[\{1,2\}] = \{\{1,2\}, \{1,3\}, \ldots, \{2,3\}, \{2,4\}, \ldots\} \quad \text{usw.}$$

Beim Beispiel 5.9 (iv) bestehen die Äquivalenzklassen aus Studierenden, die den gleichen Vornamen haben.

Lemma 5.3 *Seien M eine Menge und $\sim$ eine Äquivalenzrelation auf M sowie $a, b \in M$. Dann gilt*

$$a \sim b \implies [a] = [b].$$

Beweis Sei $y \in [b]$. Dann gilt $y \sim b$, und mit $b \sim a$ haben wir wegen der Transitivität der Relation $\sim$ auch $y \sim a$. Es folgt $y \in [a]$. Wir haben also gezeigt, dass $[b] \subseteq [a]$. Durch Vertauschen von a und b erhalten wir sofort $[a] \subseteq [b]$ und somit insgesamt $[a] = [b]$. □

5.3 Kongruenz modulo m und Restklassen

Satz 5.8 *Seien M eine Menge und $\sim$ eine Äquivalenzrelation auf M. Zwei Äquivalenzklassen $[a]$ und $[b]$ sind entweder gleich oder elementfremd, d. h.,*

$$[a] \cap [b] \neq \emptyset \iff [a] = [b].$$

Beweis Zu zeigen sind zwei Implikationen.

$\impliedby$ Gilt $[a] = [b]$, so ist $[a] \cap [b] = [a] \neq \emptyset$, da diese Klasse wegen $a \in [a]$ nicht leer ist.

$\implies$ Es gelte nun $[a] \cap [b] \neq \emptyset$. Somit existiert ein $x \in [a] \cap [b]$. Nun haben wir $x \sim a$ wegen $x \in [a]$ sowie $x \sim b$ wegen $x \in [b]$. Aus der Symmetrie der Relation $\sim$ folgt $b \sim x$, und aufgrund der Transitivität folgt aus $b \sim x$, $x \sim a$, dass $b \sim a$. Nach dem vorherigen Lemma gilt dann $[a] = [b]$. □

Wir sehen, dass die Äquivalenzklassen eine Partition auf M bilden. Genauer gesagt gilt folgende Aussage.

Satz 5.9 *Jede Äquivalenzrelation $\sim$ auf einer Menge M definiert eine Partition von M. Umgekehrt definiert jede Partition $\{U_i\}_{i \in I}$ einer Menge M eine Äquivalenzrelation auf M, nämlich*

$$x \sim y, \quad \text{wenn} \quad \exists\, i \in I : x \in U_i \text{ und } y \in U_i.$$

Beweis Für jedes $x \in M$ gilt $x \in [x]$, deswegen ergibt die Vereinigung aller Äquivalenzklassen die Menge M. Nach Satz 5.8 sind die Äquivalenzklassen entweder gleich oder elementfremd. Folglich bilden sie eine Partition.

Nun sei $\{U_i\}_{i \in I}$ eine Partition. Wir zeigen, dass die oben definierte Relation eine Äquivalenzrelation ist. Als Erstes zeigen wir die Transitivität. Es gelte $x \sim y$ und $y \sim z$. Nach der Definition der Relation $\sim$ existieren $i, j \in I$ derart, dass

$$x \in U_i \text{ und } y \in U_i \quad \text{sowie} \quad y \in U_j \text{ und } z \in U_j.$$

Insbesondere sehen wir, dass $y \in U_i \cap U_j$. Daher gilt $U_i \cap U_j \neq \emptyset$, und folglich $U_i = U_j$. Daraus folgt $i = j$. Es folgt, dass $z \in U_i$, und somit $x \sim z$, was zu zeigen war.

Die Eigenschaften der Reflexivität $x \sim x$ und der Symmetrie $x \sim y \implies y \sim x$ sind offensichtlich. □

Definition 5.10 Seien M eine Menge und $\sim$ eine Äquivalenzrelation auf M. Die *Faktormenge* (die *Quotientenmenge*) $M/\sim$ ist die Menge aller Äquivalenzklassen bezüglich $\sim$. Man liest: „M modulo Tilde".

5.3.2 Kongruenz modulo m und Restklassen

In diesem Abschnitt betrachten wir ein konkretes Beispiel einer Äquivalenzrelation auf $\mathbb{Z}$.

Definition 5.11 Sei $m \in \mathbb{N}, m \geq 2$. Zwei Zahlen $a, b \in \mathbb{Z}$ heißen *kongruent modulo* m, wenn $m|(a-b)$. Wir schreiben $a \equiv b \mod m$ oder $a \equiv b(m)$ oder $a \sim_m b$.

Satz 5.10 *Kongruenz modulo m ist eine Äquivalenzrelation.*

Beweis Wir weisen die drei Eigenschaften der Äquivalenzrelation nach.

- Transitivität: Es gelte $a \sim_m b, b \sim_m c$. Zu zeigen ist $a \sim_m c$. Nach Annahme gilt $m|(a-b)$ und $m|(b-c)$. Dann gilt auch $m|(a-c)$, da $a-c = (a-b) + (b-c)$. Es folgt $a \sim_m c$.
- Reflexivität: $a \sim_m a$, da $a - a = 0$ und $m|0$.
- Symmetrie: Es gelte $a \sim_m b$. Zu zeigen ist $b \sim_m a$. Es gilt $m|(a-b)$. Wegen $b - a = -(a-b)$ gilt auch $m|(b-a)$. Es folgt $b \sim_m a$. □

Bemerkung 5.5 $a \equiv b \mod m$ bedeutet, dass a und b bei Division durch m denselben Rest haben. Dies wollen wir noch kurz verifizieren. Sei

$$a = qm + r \quad \text{mit} \quad q \in \mathbb{Z}, \ r \in \mathbb{N} \cup \{0\}, \ 0 \leq r < m.$$

Da nach der Annahme $m|(a-b)$, existiert ein $k \in \mathbb{Z}$ mit $a - b = mk$. Daraus folgt

$$b = a - mk = qm + r - mk = (q-k)m + r,$$
$$\text{wobei} \quad q - k \in \mathbb{Z}, \ r \in \mathbb{N} \cup \{0\}, \ 0 \leq r < m.$$

Die Darstellung bei der Division mit Rest ist eindeutig. Teilen wir also b durch m, erhalten wir denselben Rest r.

Ergeben umgekehrt die Zahlen a und b bei der Division durch m denselben Rest r, so gilt

$$a = qm + r, \quad b = \ell m + r \quad \text{mit} \quad q, \ell \in \mathbb{Z}.$$

Daraus folgt

$$a - b = (q - \ell)m, \quad \text{wobei} \quad q - \ell \in \mathbb{Z}.$$

Folglich gilt $m|(a-b)$.

Beispiel 5.13 (Kongruenz modulo)
$4 \equiv 2 \mod 2$, $16 \equiv 8 \mod 2$, $5 \equiv 3 \mod 2$, $27 \equiv 9 \mod 2$, $7 \not\equiv 4 \mod 2$, $15 \equiv 9 \mod 3$, $16 \equiv 4 \mod 3$, $17 \equiv 2 \mod 3$, $7 \not\equiv 2 \mod 3$.

Definition 5.12 Sei $m \in \mathbb{N}, m \geq 2$. Die Faktormenge $\mathbb{Z}/\sim_m$ bezeichnet man mit $\mathbb{Z}_m$. Die Äquivalenzklassen heißen *Restklassen modulo m*.

Es gibt genau m Restklassen modulo m: Sie bestehen aus den Zahlen, die beim Teilen durch m den Rest $0, 1, 2, \ldots, m-2$ bzw. $m-1$ ergeben. Es gilt

$$\mathbb{Z}_m = \{[0]_m, [1]_m, [2]_m, \ldots, [m-1]_m\}.$$

Beispiel 5.14 (Restklassen modulo)

(i) Sei $m = 2$. Die Restklassen modulo 2 sind

$$[0]_2 = \{\ldots, -4, -2, 0, 2, 4, \ldots\} = \{2n : n \in \mathbb{Z}\},$$
$$[1]_2 = \{\ldots, -3, -1, 1, 3, \ldots\} = \{2n + 1 : n \in \mathbb{Z}\},$$

also die geraden und die ungeraden Zahlen. Es gilt $\mathbb{Z}_2 = \{[0]_2, [1]_2\}$.

(ii) Sei $m = 3$. Die Restklassen modulo 3 sind

$$[0]_3 = \{\ldots, -9, -6, -3, 0, 3, 6, 9, \ldots\} = \{3n : n \in \mathbb{Z}\},$$
$$[1]_3 = \{\ldots, -8, -5, -2, 1, 4, 7, 10, \ldots\} = \{3n + 1 : n \in \mathbb{Z}\},$$
$$[2]_3 = \{\ldots, -7, -4, -1, 2, 5, 8, \ldots\} = \{3n + 2 : n \in \mathbb{Z}\}.$$

Es gilt $\mathbb{Z}_3 = \{[0]_3, [1]_3, [2]_3\}$.

Bemerkung 5.6 Die Klasse $[0]_m$ besteht aus allen Zahlen, die durch m teilbar sind.

Nun definieren wir arithmetische Operationen auf $\mathbb{Z}_m$.

Definition 5.13 (Rechnen mit Restklassen) Seien $m \in \mathbb{N}$, $m \geq 2$, $a, b \in \mathbb{Z}$. Auf der Menge $\mathbb{Z}_m$ der Restklassen definiert man arithmetische Operationen wie folgt:

(i) Die *Addition von Restklassen:* $[a]_m + [b]_m = [a + b]_m$.
(ii) Die *Multiplikation von Restklassen:* $[a]_m \cdot [b]_m = [ab]_m$.

Die Definitionen wie oben angegeben haben eine Besonderheit: Die Operationen sind mithilfe von Repräsentanten definiert, aber aus jeder Äquivalenzklasse kann man unterschiedliche Repräsentanten wählen. Kann es passieren, dass man – abhängig davon, welche Repräsentanten man nimmt – verschiedene Ergebnisse bekommt? Es ist klar, dass diese Situation unerwünscht ist.

Wir müssen also zeigen, dass die Addition und die Multiplikation von Restklassen *wohldefiniert* sind. „Wohldefiniert" bedeutet, dass die Objekte eindeutig bestimmt sind. In unserem Fall muss man zeigen, dass die Operationen von der Wahl des Repräsentanten unabhängig sind.

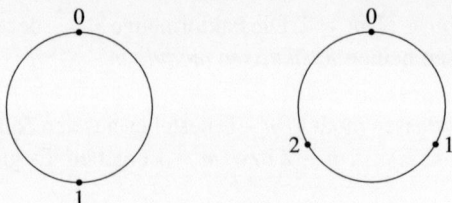

Fig. 5.1 Exemplarische Darstellung von $\mathbb{Z}_2$ (links) und $\mathbb{Z}_3$ (rechts)

Satz 5.11 *Die Addition und die Multiplikation von Restklassen sind wohldefiniert.*

Beweis Seien $a, a' \in [a]_m$, $b, b' \in [b]_m$. Wegen $m|(a'-a)$ ist $a'-a = km$ mit einem $k \in \mathbb{Z}$, sodass $a' = a + km$. Ähnlich gilt wegen $m|(b'-b)$, dass $b'-b = \ell m$ und $b' = b + \ell m$ ist mit einem $\ell \in \mathbb{Z}$.

Wir wollen zeigen, dass $[a'+b']_m = [a+b]_m$ und $[a'b']_m = [ab]_m$. Die erste Identität folgt aus

$$a' + b' = a + b + (k+\ell)m \sim_m a + b.$$

Ähnlich folgt die zweite Identität aus

$$a'b' = (a+km) \cdot (b+\ell m) = ab + a\ell m + bkm + k\ell mm$$
$$= ab + (a\ell + bk + k\ell m)m \sim_m ab. \qquad \square$$

Beispiel 5.15

(i) $[1]_2 + [1]_2 = [2]_2 = [0]_2$ bzw. $1 + 1 \equiv 0 \mod 2$.
(ii) $[3]_8 + [7]_8 = [10]_8 = [2]_8$ bzw. $3 + 7 \equiv 2 \mod 8$.
(iii) $[1]_2 \cdot [1]_2 = [1]_2$ bzw. $1 \cdot 1 \equiv 1 \mod 2$.
(iv) $[3]_8 \cdot [7]_8 = [21]_8 = [5]_8$ bzw. $3 \cdot 7 \equiv 5 \mod 8$.
(v) $[2]_8 \cdot [4]_8 = [8]_8 = [0]_8$ bzw. $2 \cdot 4 \equiv 0 \mod 8$.

Bemerkung 5.7 Addition modulo 12 kennen wir alle aus dem täglichen Leben: die analoge Uhr. Auch $\mathbb{Z}_m$ mit $m \neq 12$ kann man als eine Uhr darstellen, s. Abb. 5.1 für $\mathbb{Z}_2$ und $\mathbb{Z}_3$.

5.4 Aufgaben

5.1 Seien $a, b, c, p, q \in \mathbb{Z}$. Beweisen Sie folgende Regeln für die Teilbarkeit:

(a) $a|b \implies a|(bc)$,
(b) $a|p \wedge b|q \implies (ab)|(pq)$.

5.2 Seien $t, b, c \in \mathbb{Z}$. Beweisen oder widerlegen Sie folgende Aussagen:

(a) $t|b \wedge t \nmid c \implies t \nmid (b+c)$,
(b) $t \nmid b \wedge t \nmid c \implies t \nmid (b+c)$.

5.3 Bestimmen Sie die Teilermengen der Zahlen 60, 92, −54.

5.4 Teilen Sie a durch b mit Rest, d.h., bestimmen Sie $q \in \mathbb{Z}$, $r \in \mathbb{N} \cup \{0\}$, $0 \leq r < b$, sodass $a = qb + r$ ist:

(a) $a = 27, b = 45$,
(b) $a = 219, b = 17$,
(c) $a = -219, b = 17$.

5.5 Eine Zahl $a \in \mathbb{Z}$ heißt gerade, wenn $2|a$. Andernfalls heißt a ungerade.
  Beweisen Sie folgende Eigenschaften von geraden und ungeraden Zahlen. Hier sind $a, b \in \mathbb{Z}$.

(a) a ist gerade $\iff \exists k \in \mathbb{Z} : a = 2k$.
(b) a ist ungerade $\iff \exists k \in \mathbb{Z} : a = 2k + 1$.
(c) a ist gerade $\iff a^2$ ist gerade.
(d) a ist ungerade $\iff a^2$ ist ungerade.
(e) ab ist ungerade $\iff a$ ist ungerade und b ist ungerade.

5.6 Berechnen Sie den größten gemeinsamen Teiler von a und b mit dem euklidischen Algorithmus und durch die Primfaktorzerlegung:

(a) $a = 27, b = 45$,
(b) $a = -219, b = 60$,
(c) $a = 1092, b = 390$.

5.7 Sei $n \in \mathbb{N}$ und sei $n = \prod_{i=1}^{M} p_i^{k_i}$ seine Primfaktorzerlegung mit Primzahlen p_i und Exponenten $k_i \in \mathbb{N}$, $i = 1, \ldots, M$. Zeigen Sie, dass $\sqrt{n} \in \mathbb{N}$ genau dann, wenn alle k_i, $i = 1, \ldots, M$, gerade sind.

5.8 Seien $x, y \in \mathbb{Z}$. Wir betrachten folgende Relation:

$$x \equiv y, \quad \text{wenn} \quad x - y \text{ ungerade ist.}$$

Ist $\equiv$ eine Äquivalenzrelation?

5.9 Berechnen Sie:

$$[2]_3 + [2]_3, \quad [4]_7 + [3]_7, \quad [7]_2 + [1]_2, \quad [8]_{10} + [7]_{10},$$

$$[2]_3 \cdot [2]_3, \quad [4]_7 \cdot [3]_7, \quad [7]_2 \cdot [1]_2, \quad [8]_{10} \cdot [7]_{10}.$$

5.10 Versuchen Sie, analog zu $\mathbb{Z}_m$ mit $m \geq 2$ die Restklassen $\mathbb{Z}_1$ und $\mathbb{Z}_0$ zu definieren. Was passiert dabei?

5.11 Berechnen Sie alle möglichen Summen und Produkte in $\mathbb{Z}_2$ und $\mathbb{Z}_3$.

5.12 Finden Sie alle Restklassen $[m]_4$ und $[n]_4$, sodass

(a) $[m]_4 \cdot [n]_4 = [1]_4$,
(b) $[m]_4 \cdot [n]_4 = [0]_4$ und $[m]_4 \neq [0]_4$, $[n]_4 \neq [0]_4$.

6 Ungleichungen und Betrag

Auch in diesem kurzem abschließendem Kapitel geht es darum, mathematisches Denken und Vorgehensweise zu üben. Unser Augenmerk liegt dabei auf Ungleichungen, insbesondere Ungleichungen mit Betrag. Im Abschn. 6.3 werden wir Beispiele von Ungleichungen betrachten. Im Fokus steht dabei das Lösen durch Fallunterscheidung.

In einführendem Abschn. 6.1 werden zunächst Ordnungsrelationen besprochen.

6.1 Ordnungsrelationen

In Unterabschnitt 5.3.1 haben wir Relationen eingeführt und insbesondere Äquivalenzrelationen genauer untersucht. In diesem Kapitel beschäftigen wir uns mit einem anderen Typ der Relationen: Ordnungsrelationen. Ein Prototyp hierzu ist die übliche Relation $\leq$ „kleiner gleich" auf $\mathbb{R}$.

Definition 6.1 Eine Relation $\preceq$ auf einer Menge M heißt *Ordnungsrelation*, falls sie

(i) transitiv: $x \preceq y \wedge y \preceq z \implies x \preceq z$,
(ii) reflexiv: $x \preceq x$ und
(iii) antisymmetrisch: $x \preceq y \wedge y \preceq x \implies x = y$ ist.

Das Paar $(M, \preceq)$ heißt *geordnete Menge*.

Beispiel 6.1 (**Ordnungsrelationen und geordnete Mengen**)

(i) $(\mathbb{R}, \leq)$.
(ii) Alle Teilmengen einer Grundmenge G mit der Relation $\subseteq$: $(P(G), \subseteq)$.
(iii) $(\mathbb{R}^2, \leq)$, wobei $\leq$ folgendermaßen definiert ist:

$$(x, y) \leq (u, v), \quad \text{wenn} \quad x \leq u \text{ und } y \leq v.$$

(iv) $(\mathbb{R}^2, \leq_{\text{lex}})$, wobei $\leq_{\text{lex}}$ die lexikographische Ordnung ist:

$$(x, y) \leq_{\text{lex}} (u, v), \quad \text{wenn} \quad (x \leq u \wedge x \neq u) \text{ oder } (x = u \wedge y \leq v).$$

(v) $(\mathbb{N}, |)$ mit der Relation „teilbar". (Machen Sie sich klar, dass $|$ auf $\mathbb{N}$ tatsächlich eine Ordnungsrelation ist!)

Ist eine Ordnungsrelation $\preceq$ gegeben, kann man weitere „Ungleichungen" wie folgt definieren:

(i) $x \succeq y$, wenn $y \preceq x$,
(ii) $x \prec y$, wenn $x \preceq y$ und $x \neq y$, sowie
(iii) $x \succ y$, wenn $y \prec x$.

Definition 6.2 Gilt für zwei Elemente $a, b \in M$ $a \preceq b$ oder $b \preceq a$, so heißen a und b *vergleichbar* (bezüglich $\preceq$). Andernfalls heißen sie *nicht vergleichbar*.

Definition 6.3 Eine Ordnungsrelation $\preceq$ heißt *Totalordnung* auf M, wenn zwei beliebige Elemente von M vergleichbar sind. Das Paar $(M, \preceq)$ heißt in diesem Fall *total geordnete Menge*.

Beispiel 6.2

(i) $(\mathbb{R}, \leq)$ ist eine total geordnete Menge: Für beliebige zwei Zahlen $x, y \in \mathbb{R}$ gilt $x \leq y$ oder $y \leq x$.
(ii) $(P(G), \subseteq)$ ist nicht total geordnet, wenn G aus mehr als einem Element besteht. Betrachte z. B. $G = \{1, 2, 3\}$. Dann sind beispielsweise $\{1\}$ und $\{1, 2\}$ vergleichbar: $\{1\} \subseteq \{1, 2\}$, aber $\{1\}$ und $\{2, 3\}$ sind nicht vergleichbar: $\{1\} \not\subseteq \{2, 3\}$ und $\{2, 3\} \not\subseteq \{1\}$.
(iii) $(\mathbb{R}^2, \leq)$ ist nicht total geordnet: beispielsweise ist $(1, 2) \leq (2, 3)$, aber $(1, 2)$ und $(2, 1)$ sind nicht vergleichbar.
(iv) $(\mathbb{R}^2, \leq_{\text{lex}})$ ist total geordnet.
(v) $(\mathbb{N}, |)$ ist nicht total geordnet.

In den nächsten beiden Abschnitten werden wir uns auf die Ordnungsrelation $\leq$ auf $\mathbb{R}$ konzentrieren. Die Menge $\mathbb{R}$ ist mit zwei arithmetischen Operationen Addition und Multiplikation versehen, die den bekannten Rechenregeln wie Kommutativität, Assoziativität und Distributivität genügen. Es existieren die sog. *neutralen Elemente* 0 bezüglich der Addition und 1 bezüglich der Multiplikation: für alle $x \in \mathbb{R}$ gilt $x + 0 = x$ und $x \cdot 1 = x$. *Inverses Element* bezüglich der Addition ist für ein $x \in \mathbb{R}$ definiert als ein Element $-x \in \mathbb{R}$ mit der Eigenschaft $x + (-x) = 0$. Inverses Element bezüglich der Multiplikation ist für $x \in \mathbb{R} \setminus \{0\}$ definiert als ein Element $x^{-1} \in \mathbb{R}$ mit der Eigenschaft $xx^{-1} = 1$. Somit hat $\mathbb{R}$ eine algebraische Struktur, welche man *Körper* nennt. Subtraktion und Division sind als Addition von bzw. Multiplikation mit dem inversen Element definiert. Wir werden uns damit allerdings nicht weiter beschäftigen.

Darüber hinaus ist $\mathbb{R}$ eine total geordnete Menge mit der Ordnungsrelation $\leq$. Die Ordnungsrelation $\leq$ ist den arithmetischen Operationen auf $\mathbb{R}$ „angepasst", genauer gesagt, es gelten folgende sog. *Ordnungsaxiome*:

(O1) $\forall\, a, b, c \in \mathbb{R} : a \leq b \implies a + c \leq b + c$,
(O2) $\forall\, a, b \in \mathbb{R} : 0 \leq a \wedge 0 \leq b \implies 0 \leq ab$.

Man sagt: Die Ordnungsrelation ist mit den Rechenoperationen *verträglich*. Alle anderen bekannten Rechenregeln für die Ungleichungen $\leq, <, \geq, >$ lassen sich aus den Ordnungsaxiomen und den Rechenregeln für die arithmetischen Operationen herleiten.

6.2 Betrag

Definition 6.4 Sei $x \in \mathbb{R}$. Der *Betrag* (oder *Absolutbetrag*) der Zahl x ist definiert durch

$$|x| = \begin{cases} x, & \text{falls } x \geq 0, \\ -x, & \text{falls } x < 0. \end{cases}$$

Beachte, dass wegen $|0| = 0 = -0$ auch gilt

$$|x| = -x, \quad \text{falls } x \leq 0.$$

Bei der Fallunterscheidung haben wir aber die Fälle $x \in [0, \infty)$ und $x \in (-\infty, 0)$ benutzt. Die Mengen $[0, \infty)$ und $(-\infty, 0)$ bilden eine Partition von $\mathbb{R}$. Generell soll man bei einer Fallunterscheidung mit einer Partition der ursprünglichen Menge arbeiten. Das garantiert, dass jedes Element in der Fallunterscheidung vorkommt, und zwar genau einmal.

Widmen wir uns kurz der *graphischen Bedeutung des Betrags*. Es gilt offensichtlich $|x| = |-x|$ und insbesondere $|x - y| = |y - x|$. Für $x, y \in \mathbb{R}$ entspricht $|x - y|$ dem Abstand zwischen x und y auf der Zahlengeraden.

Satz 6.1 (Eigenschaften des Betrags) *Für $x, y \in \mathbb{R}$ gilt:*

(i) $|x| \geq 0$ *und* ($|x| = 0 \iff x = 0$) *(positive Definitheit),*
(ii) $|x + y| \leq |x| + |y|$ *(Dreiecksungleichung),*
(iii) $|xy| = |x| \cdot |y|$ *(Multiplikativität).*

Beweis

(i) Diese Eigenschaft folgt sofort aus der Definition.
(ii) Die zweite Behauptung beweisen wir durch eine Fallunterscheidung. Die Formel enthält drei Beträge, für jeden der Beträge haben wir zwei Möglichkeiten abhängig davon, ob der Ausdruck im Betrag nicht-negativ oder negativ ist. Insgesamt ergeben sich 8 Fälle.
1. Fall: $x \geq 0$, $y \geq 0$ und $x + y \geq 0$. Dann ist
$$|x + y| = x + y = |x| + |y|.$$

2. Fall: $x \geq 0$, $y \geq 0$ und $x + y < 0$. Dieser Fall ist unmöglich, weil $x \geq 0$, $y \geq 0$ zwangsläufig $x + y \geq 0$ impliziert.
3. Fall: $x < 0$, $y < 0$, und $x + y < 0$. Es gilt
$$|x + y| = -(x + y) = (-x) + (-y) = |x| + |y|.$$

4. Fall: $x < 0$, $y < 0$ und $x + y \geq 0$. Dieser Fall ist unmöglich, weil $x < 0$, $y < 0$ zwangsläufig $x + y < 0$ impliziert.
5. Fall: $x \geq 0$, $y < 0$ und $x + y \geq 0$. Dann ist
$$|x + y| = x + y < x + (-y) = |x| + |y|.$$

6. Fall: $x \geq 0$, $y < 0$ und $x + y < 0$. Es gilt
$$|x + y| = -(x + y) = (-x) + (-y) < x + (-y) = |x| + |y|.$$

Der 7 Fall $x < 0$, $y \geq 0$, $x + y \geq 0$ und der 8. Fall $x < 0$, $y \geq 0$, $x + y < 0$ folgen aus dem 5. bzw. dem 6. Fall durch Vertauschung von x und y.
(iii) Die Behauptung $|xy| = |x| \cdot |y|$ beweisen wir ebenfalls durch eine Fallunterscheidung.
1. Fall: $x \geq 0$ und $y \geq 0$. Dann ist $xy \geq 0$, $|x| = x$, $|y| = y$, $|xy| = xy$ und somit
$$|xy| = xy = |x| \cdot |y|.$$

2. Fall: $x \geq 0$ und $y < 0$. Dann gilt $xy \leq 0$, $|x| = x$, $|y| = -y$, $|xy| = -xy$ und
$$|xy| = -xy = x \cdot (-y) = |x| \cdot |y|.$$

3. Fall: $x < 0$ und $y \geq 0$. Die Aussage folgt aus dem 2. Fall durch Vertauschung von x und y.
4. Fall: $x < 0$ und $y < 0$. Dann gilt $xy > 0$, $|x| = -x$, $|y| = -y$, $|xy| = xy$ und
$$|xy| = xy = (-x) \cdot (-y) = |x| \cdot |y|. \qquad \square$$

Weitere Rechenregeln folgen daraus, zum Beispiel $\left|\frac{x}{y}\right| = \frac{|x|}{|y|}$ für $y \neq 0$.

6.3 Fallunterscheidung beim Lösen von Ungleichungen

Im vorherigen Abschnitt haben wir mit einer Fallunterscheidung gearbeitet. Es wurde angemerkt, dass man darauf achten soll, dass die Fälle eine Partition der ursprünglichen Menge bilden sollen.

In diesem Abschnitt wird die Methode zum Lösen von Ungleichungen mittels Fallunterscheidung anhand von Beispielen vorgestellt.

Beispiel 6.3 Wir lösen die Ungleichung

$$\frac{x+1}{x+3} > 2.$$

Die Definitionsmenge des Terms ist $D = \mathbb{R} \setminus \{-3\}$.

Wir wollen die beiden Seiten der Ungleichung mit dem Term $x + 3$ multiplizieren. Dabei muss man beachten, welches Vorzeichen dieser Ausdruck hat. Es entstehen zwei Fälle.

1. Fall: $x + 3 > 0$ bzw. $x \in (-3, \infty)$. Wir lösen die Ungleichung wie folgt:

$$\begin{aligned} \frac{x+1}{x+3} &> 2 & &|\cdot (x+3) > 0 \\ x + 1 &> 2(x+3) & & \\ x + 1 &> 2x + 6 & &|-2x - 1 \\ -x &> 5 & &|\cdot(-1) < 0 \\ x &< -5 \quad \text{bzw.} \quad x \in (-\infty, -5). \end{aligned}$$

Die Lösungsmenge im 1. Fall ist dann

$$L_1 = (-3, \infty) \cap (-\infty, -5) = \emptyset.$$

2. Fall $x + 3 < 0$ bzw. $x \in (-\infty, -3)$. In diesem Fall haben wir

$$\frac{x+1}{x+3} > 2 \qquad\qquad | \cdot (x+3) < 0$$
$$x + 1 < 2(x + 3)$$
$$x + 1 < 2x + 6 \qquad\qquad | -2x - 1$$
$$-x < 5 \qquad\qquad | \cdot (-1) < 0$$
$$x > -5 \quad \text{bzw.} \quad x \in (-5, \infty).$$

Die Lösungsmenge im 2. Fall ist dann

$$L_2 = (-\infty, -3) \cap (-5, \infty) = (-5, -3).$$

Die Gesamtlösungsmenge entspricht der Vereinigung der Lösungsmengen der einzelnen Fälle:

$$L = L_1 \cup L_2 = \emptyset \cup (-5, -3) = (-5, -3).$$

Beispiel 6.4 Wir betrachten nun die Ungleichung

$$|x - 5| \leq \frac{1}{4}x + 1.$$

Für die linke Seite gilt

$$|x - 5| = \begin{cases} x - 5, & \text{falls } x - 5 \geq 0 \quad \text{bzw.} \quad x \in [5, \infty), \\ -(x - 5), & \text{falls } x - 5 < 0 \quad \text{bzw.} \quad x \in (-\infty, 5). \end{cases}$$

Wir unterscheiden zwei Fälle.

1. Fall: $x \in [5, \infty)$. Wir lösen die Ungleichung wie folgt:

$$x - 5 \leq \frac{1}{4}x + 1 \qquad\qquad | -\frac{1}{4}x + 5$$
$$\frac{3}{4}x \leq 6 \qquad\qquad | \cdot \frac{4}{3} > 0$$
$$x \leq 8 \quad \text{bzw.} \quad x \in (-\infty, 8].$$

Die Lösungsmenge im ersten Fall ist dann

$$L_1 = [5, \infty) \cap (-\infty, 8] = [5, 8].$$

6.3 Fallunterscheidung beim Lösen von Ungleichungen

2. Fall: $x \in (-\infty, 5)$. Es gilt

$$-x + 5 \leq \frac{1}{4}x + 1 \qquad \qquad |-\frac{1}{4}x - 5$$

$$-\frac{5}{4}x \leq -4 \qquad \qquad \left|\cdot\left(-\frac{4}{5}\right) < 0\right.$$

$$x \geq \frac{16}{5} \quad \text{bzw.} \quad x \in \left[\frac{16}{5}, \infty\right).$$

Somit lautet die Lösungsmenge im zweiten Fall

$$L_2 = (-\infty, 5) \cap \left[\frac{16}{5}, \infty\right) = \left[\frac{16}{5}, 5\right).$$

Insgesamt erhalten wir dann als Gesamtlösungsmenge

$$L = L_1 \cup L_2 = [5, 8] \cup \left[\frac{16}{5}, 5\right) = \left[\frac{16}{5}, 8\right].$$

Beispiel 6.5 Als letztes Beispiel betrachten wir die Ungleichung

$$\left|\frac{1}{2}x + 1\right| \leq |x - 1| - 2.$$

Dabei sind

$$\left|\frac{1}{2}x + 1\right| = \begin{cases} \frac{1}{2}x + 1, & \text{falls } \frac{1}{2}x + 1 \geq 0 \quad \text{bzw.} \quad x \in [-2, \infty), \\ -\left(\frac{1}{2}x + 1\right), & \text{falls } \frac{1}{2}x + 1 < 0 \quad \text{bzw.} \quad x \in (-\infty, -2), \end{cases}$$

$$|x - 1| = \begin{cases} x - 1, & \text{falls } x - 1 \geq 0 \quad \text{bzw.} \quad x \in [1, \infty), \\ -(x - 1), & \text{falls } x - 1 < 0 \quad \text{bzw.} \quad x \in (-\infty, 1). \end{cases}$$

Die Punkte $x = -2$ und $x = 1$ unterteilen die Zahlengerade in drei Intervalle. Wir betrachten also drei Fälle.

1. Fall: $x \in (-\infty, -2)$. Wir haben

$$\left|\frac{1}{2}x + 1\right| = -\left(\frac{1}{2}x + 1\right) = -\frac{1}{2}x - 1 \quad \text{und} \quad |x - 1| = -(x - 1) = -x + 1,$$

damit folgt

$$-\frac{1}{2}x - 1 \leq -x + 1 - 2$$
$$-\frac{1}{2}x - 1 \leq -x - 1 \qquad |+x+1$$
$$\frac{1}{2}x \leq 0 \qquad |\cdot 2 > 0$$
$$x \leq 0 \quad \text{bzw.} \quad x \in (-\infty, 0]$$

und somit als erste Lösungsmenge

$$L_1 = (-\infty, -2) \cap (-\infty, 0] = (-\infty, -2).$$

2. Fall: $x \in [-2, 1)$. Es gilt

$$\left|\frac{1}{2}x + 1\right| = \frac{1}{2}x + 1 \quad \text{und} \quad |x-1| = -(x-1) = -x+1,$$

damit folgt

$$\frac{1}{2}x + 1 \leq -x + 1 - 2$$
$$\frac{1}{2}x + 1 \leq -x - 1 \qquad |+x-1$$
$$\frac{3}{2}x \leq -2 \qquad |\cdot \frac{2}{3} > 0$$
$$x \leq -\frac{4}{3} \quad \text{bzw.} \quad x \in \left(-\infty, -\frac{4}{3}\right]$$

und somit als zweite Lösungsmenge

$$L_2 = [-2, 1) \cap \left(-\infty, -\frac{4}{3}\right] = \left[-2, -\frac{4}{3}\right].$$

3. Fall: $x \in [1, \infty)$. Dann ist

$$\left|\frac{1}{2}x + 1\right| = \frac{1}{2}x + 1 \quad \text{und} \quad |x-1| = x-1,$$

damit folgt

$$\frac{1}{2}x + 1 \leq x - 1 - 2$$
$$\frac{1}{2}x + 1 \leq x - 3 \qquad |-x-1$$
$$-\frac{1}{2}x \leq -4 \qquad |\cdot (-2) < 0$$
$$x \geq 8 \quad \text{bzw.} \quad x \in [8, \infty)$$

und somit als dritte Lösungsmenge

$$L_3 = [1, \infty) \cap [8, \infty) = [8, \infty).$$

Die Gesamtlösungsmenge ist

$$L = L_1 \cup L_2 \cup L_3 = (-\infty, -2) \cup \left[-2, -\frac{4}{3}\right] \cup [8, \infty) = \left(-\infty, -\frac{4}{3}\right] \cup [8, \infty).$$

6.4 Aufgaben

6.1 Seien $a, b \in \mathbb{R}$ mit $0 < a < b$. Zeigen Sie, dass

(a) $a < \sqrt{ab} < b$,
(b) $a < \frac{a+b}{2} < b$.

6.2 Bestimmen Sie die Lösungsmengen folgender Ungleichungen in Abhängigkeit von den Parametern $a, b, c \in \mathbb{R}$:

(a) $ax + b \leq c$,
(b) $|ax + b| \leq c$.

6.3 Bestimmen Sie die Lösungsmengen folgender Ungleichungen:

(a) $\frac{4x+3}{x-1} > -1$,
(b) $\frac{6x-1}{2x+3} \leq 3$,
(c) $|3x - 4| < 2|x + 1|$,
(d) $|x - 3| + |2 - x| \leq 3$,
(e) $\frac{|3x-1|}{x+1} \geq 1$.

Lösungen

Kapitel 2

2.1

(a) $A = \{3, 6, 9, 12, 15, 18, 21, 24\}$.
(b) Wir bestimmen die Lösungen der quadratischen Gleichung $x^2 - 4x - 5 = 0$:
$$x_{1,2} = 2 \pm \sqrt{2^2 + 5} = 2 \pm 3, \quad x_1 = -1, \ x_2 = 5.$$
Es gilt also $B = \{-1, 5\}$.
(c) $C = \emptyset$.
(d) $D = \{1, 3, 5, 7, 9\}$.

2.2 In allen drei Fällen gibt es verschiedene Möglichkeiten, die jeweiligen Mengen anzugeben, z. B.

(a) $A = \{n \in \mathbb{N} : 4 \leq n \leq 12 \text{ und } n \text{ ist gerade}\} = \{2n : n \in \mathbb{N} \text{ und } 2 \leq n \leq 6\}$.
(b) $B = \left\{\frac{n}{n+1} : n \in \mathbb{N} \text{ und } 1 \leq n \leq 6\right\} = \left\{\frac{n-1}{n} : n \in \mathbb{N} \text{ und } 2 \leq n \leq 7\right\}$.
(c) $C = \{n^2 - 1 : n \in \mathbb{N} \text{ und } 1 \leq n \leq 6\}$.

2.3

(a) $P(M) = \{\emptyset, \{a\}, \{b\}, \{c\}, \{a, b\}, \{a, c\}, \{b, c\}, \{a, b, c\}\}$.
(b) Eine Menge M bestehe aus n Elementen: $M = \{a_1, a_2, \ldots, a_n\}$. Lassen wir uns überlegen, wie man eine Teilmenge bildet. Für jedes Element muss entschieden werden, ob es in der Teilmenge enthalten ist oder nicht. Demnach entstehen für jedes Element a_k, $k = 1, \ldots, n$, zwei Möglichkeiten, „ja" oder „nein".

Insgesamt gibt es $\underbrace{2 \cdot \ldots \cdot 2}_{n\text{-mal}} = 2^n$ verschiedene Möglichkeiten. Das heißt, $P(M)$ hat genau 2^n Teilmengen.

2.4 Es gilt $M_1 \cup M_2 = \{2, 4, 5, 7, 12\}$, $(M_1 \cup M_2) \cap M_3 = \{5, 7\}$ und schließlich $[(M_1 \cup M_2) \cap M_3] \setminus M_4 = \{7\}$.

2.5

(a) $A = \{x \in \mathbb{R} : -2 \leq x \leq 0\}$, $B = \{x \in \mathbb{R} : -1 < x < 1\}$,
$C = \{x \in \mathbb{R} : 0 \leq x < 3\}$.

(b) $A \cup B \cup C = [-2, 1) \cup [0, 3) = [-2, 3)$,
$A \cap B \cap C = (-1, 0] \cap [0, 3) = \{0\}$,
$\mathbb{R} \setminus A = (-\infty, -2) \cup (0, \infty)$,
$\mathbb{R} \setminus C = (-\infty, 0) \cup [3, \infty)$,
$B \setminus (A \cup C) = (-1, 1) \setminus [-2, 3) = \emptyset$,
$(A \cap B) \cup C = (-1, 0] \cup [0, 3) = (-1, 3)$,
$A \setminus (B \setminus C) = [-2, 0] \setminus (-1, 0) = [-2, -1] \cup \{0\}$,
$(A \setminus B) \setminus C = [-2, -1] \setminus [0, 3) = [-2, -1]$.

2.6

(a)
$$x \in A \cap (B \cup C) \iff x \in A \text{ und } (x \in B \text{ oder } x \in C)$$
$$\iff (x \in A \text{ und } x \in B) \text{ oder } (x \in A \text{ und } x \in C)$$
$$\iff x \in A \cap B \text{ oder } x \in A \cap C$$
$$\iff x \in (A \cap B) \cup (A \cap C).$$

(b)
$$x \in A \cup (B \cap A) \iff x \in A \text{ oder } (x \in B \text{ und } x \in A)$$
$$\iff (x \in A \text{ oder } x \in B) \text{ und } x \in A$$
$$\iff x \in A.$$

(c)
$$x \in B \setminus (B \setminus A) \iff x \in B \text{ und } x \notin B \setminus A = \{y : y \in B \text{ und } y \notin A\}$$
$$\iff x \in B \text{ und } (x \notin B \text{ oder } x \in A)$$
$$\iff \underbrace{(x \in B \text{ und } x \notin B)}_{\text{unmöglich}} \text{ oder } (x \in B \text{ und } x \in A)$$
$$\iff x \in A \cap B.$$

Lösungen

(d)
$$x \in \overline{A \cap B} \iff x \notin A \cap B = \{y : y \in A \text{ und } y \in B\}$$
$$\iff x \notin A \text{ oder } x \notin B$$
$$\iff x \in \overline{A} \text{ oder } x \in \overline{B}$$
$$\iff x \in \overline{A} \cup \overline{B}.$$

Bemerkung: Alternativ kann man alle diese Identitäten mithilfe von Wahrheitstafeln beweisen.

2.7 Es gelte $A \subseteq B$. Wir beweisen erst, dass $A \cup B = B$. Es gilt $x \in A \cup B \iff x \in A$ oder $x \in B$. Wegen der Inklusion $A \subseteq B$ gilt $x \in A \implies x \in B$; damit enthält A keine Elemente, die nicht schon in B liegen. Es folgt, dass $x \in A \cup B \iff x \in B$.

Nun beweisen wir die zweite Identität $A \cap B = A$. Es gilt $x \in A \cap B \iff x \in A$ und $x \in B$. Wegen $A \subseteq B$ gilt $x \in A \implies x \in B$; damit ist für jedes $x \in A$ die zweite Beziehung $x \in B$ auch erfüllt. Es folgt, dass $x \in A \cap B \iff x \in A$.

2.8

(a) Das ist eine Partition, weil beide Bedingungen erfüllt sind:
   (i) $M_1 \cup M_2 \cup M_3 = M$,
   (ii) $M_1 \cap M_2 = \emptyset$, $M_2 \cap M_3 = \emptyset$, $M_1 \cap M_3 = \emptyset$.
(b) Das ist keine Partition, weil die zweite Bedingung nicht erfüllt ist: $M_1 \cap M_2 = \{3\} \neq \emptyset$.
(c) Das ist keine Partition, weil die erste Bedingung nicht erfüllt ist: $M_1 \cup M_2 = \{1, 2, 3, 5\} \neq M$.

2.9

$A \times C$: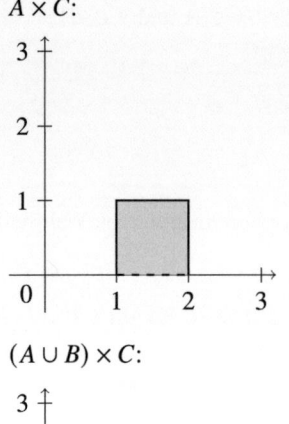

$A \times B$: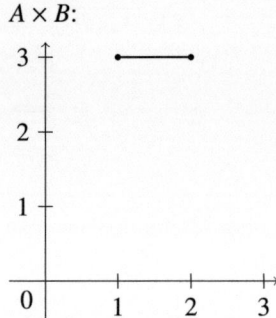

$(A \cup B) \times C$: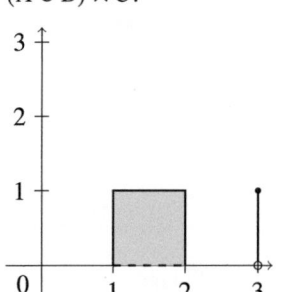

$(A \cup B) \times D$: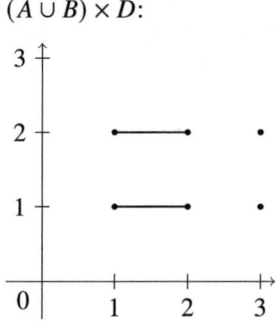

Kapitel 3

3.1

(a) Es gibt eine Primzahl, die nicht ungerade ist. (Oder: Nicht alle Primzahlen sind ungerade.)
(b) $x + 1 \leq 3$.
(c) Die Zugspitze ist nicht der höchste Berg Deutschlands oder die Zugspitze liegt nicht in Bayern.
(d) Die Blume ist weder rot noch rosa.

3.2

(a)

a	b	c	$b \vee c$	$a \wedge (b \vee c)$	$a \wedge b$	$a \wedge c$	$(a \wedge b) \vee (a \wedge c)$
w	w	w	w	w	w	w	w
w	w	f	w	w	w	f	w
w	f	w	w	w	f	w	w
w	f	f	f	f	f	f	f
f	w	w	w	f	f	f	f
f	w	f	w	f	f	f	f
f	f	w	w	f	f	f	f
f	f	f	f	f	f	f	f

Wir sehen, dass die Spalte für $a \wedge (b \vee c)$ und die Spalte für $(a \wedge b) \vee (a \wedge c)$ miteinander übereinstimmen. Daraus folgt, dass beide Aussagen gleich sind.

(b)

a	b	$b \wedge a$	$a \vee (b \wedge a)$
w	w	w	w
w	f	f	w
f	w	f	f
f	f	f	f

Wir sehen, dass die Spalte für $a \vee (b \wedge a)$ und die Spalte für a miteinander übereinstimmen. Daraus folgt, dass beide Aussagen gleich sind.

(c)

a	$\neg a$	$a \wedge \neg a$
w	f	f
f	w	f

Wir sehen, dass die Spalte für $a \wedge \neg a$ immer falsch ist. Damit ist die Aussage falsch.

(d)

a	b	$a \wedge b$	$\neg(a \wedge b)$	$\neg a$	$\neg b$	$\neg a \vee \neg b$
w	w	w	f	f	f	f
w	f	f	w	f	w	w
f	w	f	w	w	f	w
f	f	f	w	w	w	w

Wir sehen, dass die Spalte für $\neg(a \wedge b)$ und die Spalte für $\neg a \vee \neg b$ miteinander übereinstimmen. Daraus folgt, dass beide Aussagen gleich sind.

3.3 Zur Erinnerung: Für die Aussage $A \implies B$ lauten die Negation $A \wedge \neg B$ und die Kontraposition $\neg B \implies \neg A$.

(a) Negation: Man ist gut vorbereitet und man fällt bei der Prüfung durch.
   Kontraposition: Wenn man bei der Prüfung durchfällt, dann ist man nicht gut vorbereitet.
(b) Negation: Es ist Herbst und die Tage werden nicht kürzer.
   Kontraposition: Die Tage werden nicht kürzer, folglich ist es nicht Herbst.
(c) Negation: n ist eine Primzahl und $2^n - 1$ ist keine Primzahl.
   Kontraposition: $2^n - 1$ ist keine Primzahl $\implies n$ ist keine Primzahl.

3.4

(a)

a	b	$a \implies b$	$(a \implies b) \wedge a$	$((a \implies b) \wedge a) \implies b$
w	w	w	w	w
w	f	f	f	w
f	w	w	f	w
f	f	w	f	w

Wir sehen, dass die Spalte für $((a \implies b) \wedge a) \implies b$ immer wahr ist. Daraus folgt, dass die Aussage wahr ist.

(b)

a	b	c	$a \implies b$	$b \implies c$	$(a \implies b) \wedge (b \implies c)$	$a \implies c$	$((a \implies b) \wedge (b \implies c)) \implies (a \implies c)$
w	w	w	w	w	w	w	w
w	w	f	w	f	f	f	w
w	f	w	f	w	f	w	w
w	f	f	f	w	f	f	w
f	w	w	w	w	w	w	w
f	w	f	w	f	f	w	w
f	f	w	w	w	w	w	w
f	f	f	w	w	w	w	w

Wir sehen, dass die Spalte für $((a \implies b) \wedge (b \implies c)) \implies (a \implies c)$ immer wahr ist. Daraus folgt, dass die Aussage wahr ist.

(c)

a	b	$\neg a$	$\neg b$	$a \implies b$	$(a \implies b) \wedge \neg b$	$\neg a \wedge b$	$((a \implies b) \wedge \neg b) \iff (\neg a \wedge b)$
w	w	f	f	w	f	f	w
w	f	f	w	f	f	f	w
f	w	w	f	w	f	w	f
f	f	w	w	w	w	f	f

Wir sehen, dass die Spalte für $((a \implies b) \wedge \neg b) \iff (\neg a \wedge b)$ nicht immer wahr ist. Daraus folgt, dass die Aussage im Allgemeinen falsch ist.

3.5

(a) Die Aussage ist wahr. Negation: $\exists x \in \mathbb{N} : \forall y \in \mathbb{N} : x \geq y$ (falsch).
(b) Die Aussage ist falsch: Für $x = 1$ gibt es kein $y \in \mathbb{N}$ mit $1 > y$. Negation: $\exists x \in \mathbb{N} : \forall y \in \mathbb{N} : x \leq y$. Diese Aussage ist wahr: $x = 1$ erfüllt die Bedingung.
(c) Die Aussage ist wahr: Man kann immer $y = x$ nehmen. Negation: $\exists x \in \mathbb{N} : \forall y \in \mathbb{N} : x < y$ (falsch).
(d) Die Aussage ist wahr: $y = 1$ erfüllt die Bedingung. Negation: $\forall y \in \mathbb{N} : \exists x \in \mathbb{N} : x < y$ (falsch). Bemerkung: Vergleiche mit (b).
(e) Die Aussage ist wahr. Negation: $\exists x \in \mathbb{N} : \forall y \in \mathbb{Z} : x \leq y$ (falsch).

3.6

(a) Wir nehmen an, dass $n, m \in \mathbb{Z}$ beide gerade sind. Dann existieren $k, \ell \in \mathbb{Z}$ mit $n = 2k, m = 2\ell$. Es gilt

$$n + m = 2k + 2\ell = 2(k + \ell) = 2s \quad \text{mit} \quad s = k + \ell \in \mathbb{Z}.$$

Es folgt, dass $n + m$ gerade ist.

(b) Wir nehmen an, dass $n, m \in \mathbb{Z}$ beide ungerade sind. Dann existieren $k, \ell \in \mathbb{Z}$ mit $n = 2k + 1, m = 2\ell + 1$. Es gilt

$$n + m = 2k + 1 + 2\ell + 1 = 2(k + \ell + 1) = 2s \quad \text{mit} \quad s = k + \ell + 1 \in \mathbb{Z}.$$

Es folgt, dass $n + m$ gerade ist.

3.7
Die Kontraposition der Aussage lautet: Sind die Zahlen $n, m \in \mathbb{Z}$ beide gerade oder beide ungerade, so ist die Summe $n + m$ gerade. Das aber folgt sofort aus Aufgabe 3.6 (a) und (b).

3.8
Angenommen, es gibt $n, m \in \mathbb{N}$, für die gilt: $21n + 49m = 500$. Da $7|21$ und $7|49$, gilt $7|(21n + 49m)$, d. h., $7|500$. Widerspruch! Der Widerspruch beweist, dass es solche n, m nicht gibt.

3.9
Ein Gegenbeispiel ist z. B. $p = \sqrt{2}, q = -\sqrt{2}$. Beide Zahlen p und q sind irrational, aber deren Summe $p + q = \sqrt{2} - \sqrt{2} = 0$ ist rational.

3.10

(a) Wir nehmen an, dass $\sqrt{3}$ eine rationale Zahl ist. Dann existieren $n, m \in \mathbb{N}$ mit $\sqrt{3} = \frac{n}{m}$. Wir können annehmen, dass n und m teilerfremd sind (ist das nicht der Fall, wird der Bruch $\frac{n}{m}$ vollständig gekürzt).
Aus $\sqrt{3} = \frac{n}{m}$ folgt durch Quadrieren $3 = \frac{n^2}{m^2}$. Dies ist äquivalent zu $n^2 = 3m^2$. Wir schließen, dass $3|n^2$. Das ist aber nur möglich, wenn $3|n$. Demnach existiert ein $k \in \mathbb{N}$ mit $n = 3k$.
Des Weiteren gilt $n^2 = 9k^2 = 3m^2$, und folglich $m^2 = 3k^2$. Nun gilt $3|m^2$, und folglich $3|m$. Wir haben somit gezeigt, dass n und m beide durch 3 teilbar sind. Das widerspricht der Tatsache, dass n und m teilerfremd sind. Der Widerspruch zeigt, dass die Annahme, dass $\sqrt{3}$ eine rationale Zahl ist, falsch ist. Dies beweist, dass $\sqrt{3}$ eine irrationale Zahl ist.

(b) $\sqrt{4} = 2$ ist eine rationale Zahl.
Wir versuchen nun, den obigen Beweis für $\sqrt{4}$ durchzuführen. Wir nehmen an, dass $\sqrt{4}$ eine rationale Zahl ist. Dann existieren $n, m \in \mathbb{N}$ mit $\sqrt{4} = \frac{n}{m}$. Wir können annehmen, dass n und m teilerfremd sind (ist das nicht der Fall, wird der Bruch $\frac{n}{m}$ vollständig gekürzt).
Aus $\sqrt{4} = \frac{n}{m}$ folgt durch Quadrieren $4 = \frac{n^2}{m^2}$. Dies ist äquivalent zu $n^2 = 4m^2$. Wir schließen, dass $4|n^2$.
Nun folgt aber nicht, dass $4|n$, es folgt lediglich, dass $2|n$. Der Beweis bricht an der Stelle ab.

3.11

(a) IA: Die Aussage gilt für $n = 1$, denn $\sum_{k=1}^{1}(2k-1) = 1 = 1^2$.

IS: Wir nehmen an, dass die Aussage für ein $n \in \mathbb{N}$ gilt, und folgern daraus, dass sie auch für $n + 1$ gilt:

$$\sum_{k=1}^{n+1}(2k-1) = \sum_{k=1}^{n}(2k-1) + (2(n+1)-1) = n^2 + (2n+1) = (n+1)^2,$$

wobei im zweiten Schritt die Induktionsvoraussetzung benutzt wurde.
Nach dem Prinzip der vollständigen Induktion gilt die Formel für alle $n \in \mathbb{N}$.

(b) IA: Die Aussage gilt für $n = 0$, denn $\sum_{k=0}^{0} q^k = q^0 = 1 = \frac{1-q}{1-q}$.

IS: Wir nehmen an, dass die Aussage für ein $n \in \mathbb{N} \cup \{0\}$ gilt, und folgern daraus, dass sie auch für $n + 1$ gilt:

$$\sum_{k=0}^{n+1} q^k = \sum_{k=1}^{n} q^k + q^{n+1} = \frac{1-q^{n+1}}{1-q} + q^{n+1} = \frac{1-q^{n+1} + q^{n+1}(1-q)}{1-q}$$

$$= \frac{1-q^{n+1} + q^{n+1} - q^{n+2}}{1-q} = \frac{1-q^{n+2}}{1-q}.$$

Nach dem Prinzip der vollständigen Induktion gilt die Formel für alle $n \in \mathbb{N} \cup \{0\}$.

(c) IA: Die Aussage gilt für $n = 4$, denn $4! = 4 \cdot 3 \cdot 2 \cdot 1 = 24 > 2^4 = 16$.

IS: Wir nehmen an, dass die Aussage für ein $n \in \mathbb{N}$ mit $n \geq 4$ gilt, und folgern daraus, dass sie auch für $n + 1$ gilt:

$$(n+1)! = n! \cdot (n+1) > 2^n \cdot (n+1) \geq 2^n \cdot 2 = 2^{n+1},$$

wobei wir im zweiten Schritt die Induktionsvoraussetzung $n! > 2^n$ und im dritten Schritt die Ungleichung $n + 1 \geq 2$ benutzen.
Nach dem Prinzip der vollständigen Induktion gilt die Formel für alle $n \geq 4$.

(d) IA: Die Aussage gilt für $n = 1$, denn:

$$n^3 + (n+1)^3 + (n+2)^3 = 1^3 + 2^3 + 3^3 = 1 + 8 + 27 = 36 \quad \text{und} \quad 9|36.$$

IS: Wir nehmen an, dass die Aussage für ein $n \in \mathbb{N}$ gilt, und folgern daraus, dass sie auch für $n + 1$ gilt. Es gilt

$$(n+1)^3 + (n+2)^3 + (n+3)^3$$
$$= (n+1)^3 + (n+2)^3 + n^3 + 3 \cdot n^2 \cdot 3 + 3 \cdot n \cdot 3^2 + 3^3$$
$$= [n^3 + (n+1)^3 + (n+2)^3] + [9 \cdot (n^2 + 3n + 3)].$$

Der erste Summand ist nach der Induktionsvoraussetzung durch 9 teilbar. Der zweite Summand hat die Form $9k$ mit $k \in \mathbb{N}$. Da beide Summanden durch 9 teilbar sind, ist auch die Summe durch 9 teilbar.

Nach dem Prinzip der vollständigen Induktion gilt die Aussage für alle $n \in \mathbb{N}$.

Kapitel 4

4.1
$f_1\left([0, \frac{\pi}{2}]\right) = [0, 1]$, $f_1\left(\{\frac{\pi}{4}\}\right) = \left\{\frac{1}{\sqrt{2}}\right\}$, $f_1(\mathbb{R}) = [-1, 1]$, $f_2\left([0, \frac{\pi}{2}]\right) = [0, 1]$, $f_2\left(\{\frac{\pi}{4}\}\right) = \left\{\frac{1}{\sqrt{2}}\right\}$, $f_1^{-1}(\{0\}) = \{\pi k : k \in \mathbb{Z}\}$, $f_1^{-1}([0, 1]) = \bigcup_{k \in \mathbb{Z}}[2\pi k, 2\pi k + \pi]$, $f_1^{-1}((2, 3)) = \emptyset$, $f_1^{-1}(\mathbb{R}) = \mathbb{R}$, $f_2^{-1}(\{0\}) = \{0\}$, $f_2^{-1}([0, 1]) = [0, \frac{\pi}{2}]$, $f_2^{-1}((2, 3)) = \emptyset$, $f_2^{-1}(\mathbb{R}) = \left[-\frac{\pi}{2}, \frac{\pi}{2}\right]$, $g(\{1, 2, 3\}) = \left\{\frac{1}{2}, \frac{2}{3}, \frac{3}{4}\right\}$, $g^{-1}\left(\left\{\frac{7}{8}, \frac{8}{9}, 1\right\}\right) = \{7, 8\}$, $g^{-1}(\mathbb{R}) = \mathbb{N}$.

4.2

(a) Es gelte $y \in f(A_1) \setminus f(A_2)$. Dann ist $y \in f(A_1)$ und $y \notin f(A_2)$. Die Bedingung $y \in f(A_1)$ impliziert, dass es ein $x \in A_1$ gibt mit $f(x) = y$. Dabei gilt $x \notin A_2$, denn sonst wäre $y \in f(A_2)$. Wir haben damit gezeigt, dass $y = f(x)$ mit $x \in A_1 \setminus A_2$, d.h., $y \in f(A_1 \setminus A_2)$. Daraus folgt, dass $f(A_1) \setminus f(A_2) \subseteq f(A_1 \setminus A_2)$.

Mann kann in der Formel kein Gleichheitszeichen schreiben. Betrachte dazu folgendes Beispiel. Sei $f : \mathbb{R} \to \mathbb{R}$, $f(x) = x^2$. Für $A_1 = [-1, 2]$, $A_2 = [-1, 0]$ hat man $A_1 \setminus A_2 = (0, 2]$ und $f(A_1 \setminus A_2) = (0, 4]$. Es ist aber $f(A_1) = [0, 4]$, $f(A_2) = [0, 1]$, also $f(A_1) \setminus f(A_2) = (1, 4]$.

(b)
$$\begin{aligned} x \in f^{-1}(B_1 \cap B_2) &\iff f(x) \in B_1 \cap B_2 \\ &\iff f(x) \in B_1 \land f(x) \in B_2 \\ &\iff x \in f^{-1}(B_1) \land x \in f^{-1}(B_2) \\ &\iff x \in f^{-1}(B_1) \cap f^{-1}(B_2). \end{aligned}$$

(c) Sei $y \in f(f^{-1}(B))$. Dann existiert ein $x \in f^{-1}(B)$ mit $f(x) = y$. Dabei gilt: $x \in f^{-1}(B) \iff f(x) \in B$. Es gilt also $y \in B$. Das beweist, dass $f(f^{-1}(B)) \subseteq B$.

Man kann in der Formel kein Gleichheitszeichen schreiben. Betrachte dazu folgendes Beispiel. Sei $f : \mathbb{R} \to \mathbb{R}$, $f(x) = x^2$. Für $B = [-1, 1]$ gilt $f^{-1}(B) = [-1, 1]$ und $f(f^{-1}(B)) = [0, 1] \neq B$.

4.3

(a) Es gibt nur eine solche Abbildung:
$$f_1 : \{1\} \to \{1\}, \quad f_1(1) = 1.$$

Der Graph ist $G(f_1) = \{(1, 1)\}$. Die Abbildung ist injektiv und surjektiv und damit bijektiv.

(b) Es gibt zwei solche Abbildungen:
$$f_2 : \{1\} \to \{1, 2\}, \quad f_2(1) = 1$$
und
$$f_3 : \{1\} \to \{1, 2\}, \quad f_3(1) = 2.$$

Die Graphen sind $G(f_2) = \{(1, 1)\}$ und $G(f_3) = \{(1, 2)\}$. Beide Abbildungen sind injektiv, aber nicht surjektiv, also nicht bijektiv.

(c) Es gibt nur eine solche Abbildung:
$$f_4 : \{1, 2\} \to \{1\}, \quad f_4(1) = 1, \quad f_4(2) = 1.$$

Der Graph ist $G(f_4) = \{(1, 1), (2, 1)\}$. Die Abbildung ist nicht injektiv, aber surjektiv. Sie ist nicht bijektiv.

(d) Es gibt vier solche Abbildungen:
$$f_5 : \{1, 2\} \to \{1, 2\}, \quad f_5(1) = 1, \quad f_5(2) = 2$$

mit dem Graphen $G(f_5) = \{(1, 1), (2, 2)\}$ (injektiv, surjektiv, bijektiv),

$$f_6 : \{1, 2\} \to \{1, 2\}, \quad f_6(1) = 2, \quad f_6(2) = 1$$

mit dem Graphen $G(f_6) = \{(1, 2), (2, 1)\}$ (injektiv, surjektiv, bijektiv),

$$f_7 : \{1, 2\} \to \{1, 2\}, \quad f_7(1) = 1, \quad f_7(2) = 1$$

mit dem Graphen $G(f_7) = \{(1, 1), (2, 1)\}$ (weder injektiv, noch surjektiv, damit nicht bijektiv),

$$f_8 : \{1, 2\} \to \{1, 2\}, \quad f_8(1) = 2, \quad f_8(2) = 2$$

mit dem Graphen $G(f_8) = \{(1, 2), (2, 2)\}$ (weder injektiv, noch surjektiv, damit nicht bijektiv).

4.4

(a) Nicht injektiv, da z. B. $f_1(-1) = f_1(1) = -1$. Nicht surjektiv, da z. B. $f_1^{-1}(\{-3\}) = \emptyset$. Nicht bijektiv.
(b) Injektiv, da für $x_1, x_2 \in (\infty, -2]$ gilt $x_1 \neq x_2 \implies f_2(x_1) \neq f_2(x_2)$. Surjektiv, da für jedes $y \in [0, \infty)$ gilt $f_2^{-1}(\{y\}) \neq \emptyset$, denn die Gleichung $y = |x| - 2$ hat eine Lösung $x = -(y+2) \in (\infty, -2]$. Bijektiv.
(c) Wir betrachten zwei Fälle.
 1. Fall: $a \neq 0$. Der Graph ist eine schiefe Gerade. Die Funktion ist injektiv, surjektiv, bijektiv.
 2. Fall: $a = 0$. In diesem Fall ist f die konstante Funktion $f(x) = b$. Ihr Graph ist eine zur x-Achse parallele Gerade. Die Funktion ist nicht injektiv, nicht surjektiv, nicht bijektiv.
(d) Injektiv, da für alle $n_1, n_2 \in \mathbb{N}$ gilt: $n_1 \neq n_2 \implies n_1^2 \neq n_2^2$. Nicht surjektiv, da z. B. $h^{-1}(\{2\}) = \emptyset$. Nicht bijektiv.

4.5

(a) Der maximale Definitionsbereich ist $\mathbb{R}$. Die Funktion $f: \mathbb{R} \to \mathbb{R}$ ist injektiv, surjektiv und damit bijektiv. Die Umkehrfunktion ist $f^{-1}: \mathbb{R} \to \mathbb{R}$, $f^{-1}(x) = 2x + 6$.
(b) Der maximale Definitionsbereich ist $\mathbb{R}$. Die Funktion g ist auf $\mathbb{R}$ nicht injektiv, da z. B. $g(-1) = g(1) = 3$.

 Eine bijektive Einschränkung ist z. B. $g_1: [0, \infty) \to [1, \infty)$, $g_1(x) = 2x^2 + 1$. Ihre Umkehrfunktion ist $g_1^{-1}: [1, \infty) \to [0, \infty)$, $g_1^{-1}(x) = \sqrt{\frac{1}{2}(x-1)}$.
(c) Der maximale Definitionsbereich ist $[-\sqrt{2}, \sqrt{2}]$. Die Funktion h ist auf $[-\sqrt{2}, \sqrt{2}]$ nicht injektiv, da z. B. $h(-\sqrt{2}) = h(\sqrt{2}) = 0$. Eine bijektive Einschränkung ist z. B. $h_1: [0, \sqrt{2}] \to [0, \sqrt{2}]$, $h_1(x) = \sqrt{2 - x^2}$. Ihre Umkehrfunktion ist $h_1^{-1}: [0, \sqrt{2}] \to [0, \sqrt{2}]$, $h_1^{-1}(x) = \sqrt{2 - x^2}$, d. h., $h_1^{-1} = h_1$.
(d) Der maximale Definitionsbereich ist $\mathbb{R} \setminus \{0\}$. Die Funktion u ist injektiv. Bei der Einschränkung des Wertebereichs $u: \mathbb{R} \setminus \{0\} \to \mathbb{R} \setminus \{0\}$ ist u bijektiv. Ihre Umkehrfunktion ist $u^{-1}: \mathbb{R} \setminus \{0\} \to \mathbb{R} \setminus \{0\}$, $u^{-1}(x) = \frac{1}{x}$, d. h., $u^{-1} = u$.
(e) Der maximale Definitionsbereich ist $\mathbb{R}$. Die Funktion v ist injektiv. Bei der Einschränkung des Wertebereichs $v: \mathbb{R} \to (1, \infty)$ ist v bijektiv. Ihre Umkehrfunktion ist $v^{-1}: (1, \infty) \to \mathbb{R}$, $v^{-1}(x) = \ln(x-1)$.

4.6

(i) $f(\mathbb{R}) = [1, \infty)$ liegt im Definitionsbereich von f. Die Verkettung $f \circ f$ ist möglich. Es gilt $f \circ f: \mathbb{R} \to \mathbb{R}$, $(f \circ f)(x) = f(2x^2 + 1) = 2(2x^2 + 1)^2 + 1 = 8x^4 + 8x^2 + 3$.
(ii) $g((0, \infty)) = \mathbb{R}$ liegt im Definitionsbereich von f. Die Verkettung $f \circ g$ ist möglich. Es gilt $f \circ g: (0, \infty) \to \mathbb{R}$, $(f \circ g)(x) = f(\ln x) = 2(\ln x)^2 + 1$.

(iii) $f(\mathbb{R}) = [1, \infty)$ liegt im Definitionsbereich von g. Die Verkettung $g \circ f$ ist möglich. Es gilt $g \circ f : \mathbb{R} \to \mathbb{R}$, $(g \circ f)(x) = g(2x^2 + 1) = \ln(2x^2 + 1)$.

(iv) $g((0, \infty)) = \mathbb{R}$ liegt nicht im Definitionsbereich von g. Die Verkettung $g \circ g$ ist nicht möglich.

4.7

(a) Die Menge $\mathbb{Z}$ kann man in eine Liste anordnen, z. B. wie folgt:
$$\mathbb{Z} = \{0, 1, -1, 2, -2, 3, -3, \ldots\}.$$

Die entsprechende Bijektion kann man auch explizit angeben: $f : \mathbb{N} \to \mathbb{Z}$, $f(n) = (-1)^n \lfloor \frac{n}{2} \rfloor$, wobei $\lfloor x \rfloor$ den ganzzahligen Teil von x bezeichnet.

(b) Die Mengen $\mathbb{N}$ und $A = \{3n + 1 : n \in \mathbb{Z}\}$ sind gleichmächtig. Eine Bijektion $g : \mathbb{N} \to A$ ist $g(n) = 3f(n) + 1$, wobei $f(n)$ die Funktion aus Teilaufgabe (a) bezeichnet.

Kapitel 5

5.1

(a) Wegen $a|b$ gilt $b = ka$ mit einem $k \in \mathbb{Z}$. Ist nun $c \in \mathbb{Z}$, so gilt
$$bc = kac = (kc)a = \ell a \quad \text{mit} \quad \ell = kc \in \mathbb{Z}.$$

Folglich gilt $a|(bc)$.

(b) Da $a|p$ und $b|q$, existieren $k, \ell \in \mathbb{Z}$ mit $p = ak$, $q = b\ell$. Nun gilt
$$pq = akb\ell = (k\ell)(ab) = m(ab) \quad \text{mit} \quad m = k\ell \in \mathbb{Z}.$$

Folglich gilt $(ab)|(pq)$.

5.2

(a) Die Aussage ist wahr.
Es gelte $t|b$. Wir beweisen in diesem Fall die Implikation $t \nmid c \implies t \nmid (b + c)$ durch Kontraposition. Zu zeigen ist: $t|(b+c) \implies t|c$.
Wir nehmen an, dass $t|(b+c)$. Dann existiert ein $k \in \mathbb{Z}$ mit $b+c = tk$. Darüber hinaus existiert wegen $t|b$ ein $\ell \in \mathbb{Z}$ mit $b = t\ell$. Dann gilt
$$c = (b+c) - b = tk - t\ell = (k-\ell)t = mt \quad \text{mit} \quad m = k - \ell \in \mathbb{Z}.$$

Es folgt, dass $t|c$. Damit ist die Kontraposition bewiesen.

(b) Die Aussage ist falsch. Ein Gegenbeispiel liefern die Zahlen $t = 3, b = 4, c = 5$:
Es gilt $3 \nmid 4 \wedge 3 \nmid 5$, aber $3|(4+5)$.

5.3

$T(60) = \{\pm 1, \pm 2, \pm 3, \pm 4, \pm 5, \pm 6, \pm 10, \pm 12, \pm 15, \pm 20, \pm 30, \pm 60\}$,
$T(92) = \{\pm 1, \pm 2, \pm 4, \pm 23, \pm 46, \pm 92\}$,
$T(-54) = \{\pm 1, \pm 2, \pm 3, \pm 6, \pm 9, \pm 18, \pm 27, \pm 54\}$.

5.4

(a) $27 = 45 \cdot 0 + 27$,
(b) $219 = 17 \cdot 12 + 15$,
(c) $-219 = 17 \cdot (-13) + 2$ (Beachte: Der Rest ist immer positiv).

5.5

(a) Sei a gerade. Das heißt, $2|a$. Nach der Definition der Teilbarkeit existiert ein $k \in \mathbb{Z}$ mit $a = 2k$. Andererseits ist jede Zahl der Form $a = 2k$ mit $k \in \mathbb{Z}$ durch 2 teilbar und damit gerade.

(b) Sei a ungerade. Insbesondere gilt $2 \nmid a$. Wir teilen a durch 2 mit Rest:

$$a = 2k + r \quad \text{mit} \quad k \in \mathbb{Z}, \quad r \in \mathbb{N} \cup \{0\}, \quad 0 \leq r < 2.$$

Für den Rest gibt es zwei Möglichkeiten: $r = 0$ oder $r = 1$. Wäre $r = 0$, so wäre a gerade, was der Annahme widerspricht. Es muss also $r = 1$ sein. Damit gilt $a = 2k + 1$. Andererseits ist jede Zahl der Form $a = 2k + 1$ mit $k \in \mathbb{Z}$ nicht durch 2 teilbar und damit ungerade.

(c) $\implies$ Sei a gerade, dann gilt $a = 2k$ mit $k \in \mathbb{Z}$. Folglich ist

$$a^2 = (2k)^2 = 4k^2 = 2 \cdot (2k^2) = 2\ell \quad \text{mit} \quad \ell = 2k^2 \in \mathbb{Z}.$$

Es folgt, dass a^2 gerade ist.

$\impliedby$ Sei a^2 gerade, d. h., $2|(aa)$. Da 2 eine Primzahl ist, folgt nach Satz 5.5, dass $2|a$, d. h., a ist gerade.

(d) $\implies$ Ist a ungerade, so ist $a = 2k + 1$ mit $k \in \mathbb{Z}$. Es gilt

$$a^2 = (2k+1)^2 = 4k^2 + 4k + 1 = 2 \cdot (2k^2 + 2k) + 1 = 2m + 1$$

mit $m = 2k^2 + 2k \in \mathbb{Z}$.

Folglich ist a^2 ungerade.

$\impliedby$ Wir beweisen diese Richtung durch Kontraposition. Die Kontraposition lautet: a ist gerade $\implies$ a^2 ist gerade. Dies wurde in Aufgabenteil (c) bewiesen.

(e) $\impliedby$ Seien a und b ungerade. Dann gilt $a = 2k + 1$, $b = 2\ell + 1$ mit $k, \ell \in \mathbb{Z}$. Es gilt

$$ab = (2k+1)(2\ell+1) = 4k\ell + 2k + 2\ell + 1 = 2(2k\ell + k + \ell) + 1 = 2m + 1$$

mit $m = 2k\ell + k + \ell \in \mathbb{Z}$.

Folglich ist ab ungerade.

$\Longrightarrow$ Wir beweisen diese Richtung durch Kontraposition. Die Kontraposition lautet: a ist gerade oder b ist gerade $\Longrightarrow$ ab ist gerade.
Sei o. B. d. A. a gerade. Dann ist $a = 2k$ mit $k \in \mathbb{Z}$. Es folgt

$$ab = 2kb = 2m \quad \text{mit} \quad m = kb \in \mathbb{Z},$$

d. h., ab ist gerade.

5.6

(a) Euklidischer Algorithmus:

$$45 = 27 \cdot 1 + 18,$$
$$27 = 18 \cdot 1 + 9,$$
$$18 = 9 \cdot 2 + 0.$$

Es gilt $\mathrm{ggT}(27, 45) = 9$.
Primfaktorzerlegung: Wir haben $45 = 3 \cdot 3 \cdot 5$, $27 = 3 \cdot 3 \cdot 3$, und somit $\mathrm{ggT}(27, 45) = 3 \cdot 3 = 9$.

(b) Erst merke, dass $\mathrm{ggT}(-219, 60) = \mathrm{ggT}(219, 60)$.
Euklidischer Algorithmus:

$$219 = 60 \cdot 3 + 39,$$
$$60 = 39 \cdot 1 + 21,$$
$$39 = 21 \cdot 1 + 18,$$
$$21 = 18 \cdot 1 + 3,$$
$$18 = 3 \cdot 6 + 0.$$

Es gilt $\mathrm{ggT}(-219, 60) = 3$.
Primfaktorzerlegung: Wir haben $-219 = -3 \cdot 73$, $60 = 2 \cdot 2 \cdot 3 \cdot 5$, und somit $\mathrm{ggT}(-219, 60) = 3$.

(c) Euklidischer Algorithmus:

$$1092 = 390 \cdot 2 + 312,$$
$$390 = 312 \cdot 1 + 78,$$
$$312 = 78 \cdot 4 + 0.$$

Es gilt $\mathrm{ggT}(1092, 390) = 78$.
Primfaktorzerlegung: Es gilt $1092 = 2 \cdot 2 \cdot 3 \cdot 7 \cdot 13$, $390 = 2 \cdot 3 \cdot 5 \cdot 13$, und somit $\mathrm{ggT}(1092, 390) = 2 \cdot 3 \cdot 13 = 78$.

5.7

$\Longleftarrow$ Seien alle k_i gerade. Dann gilt

$$\sqrt{n} = \left(\prod_{i=1}^{M} p_i^{k_i}\right)^{\frac{1}{2}} = \prod_{i=1}^{M} p_i^{\frac{k_i}{2}},$$

wobei $\frac{k_i}{2} \in \mathbb{N}$ für alle $i = 1, \ldots, M$. Es folgt, dass $\sqrt{n} \in \mathbb{N}$.

$\Longrightarrow$ Sei $\sqrt{n} \in \mathbb{N}$. Dann gilt $\sqrt{n} = \prod_{i=1}^{M} p_i^{\ell_i}$ mit Primzahlen p_i und Exponenten $\ell_i \in \mathbb{N}, i = 1, \ldots, M$. Es folgt, dass $n = \prod_{i=1}^{M} p_i^{2\ell_i}$ eine Primfaktorzerlegung von n ist. Wir wissen aber, dass die Primfaktorzerlegung einer natürlichen Zahl eindeutig bestimmt ist. Damit sind alle Exponenten in der Darstellung von n gerade.

5.8

$\equiv$ ist keine Äquivalenzrelation. In der Tat ist sie nicht reflexiv: Ist $x \in \mathbb{Z}$, so ist $x \not\equiv x$, da $x - x = 0$ gerade ist. (Die Relation $\equiv$ ist auch nicht transitiv, sie ist aber symmetrisch.)

5.9

$[2]_3 + [2]_3 = [4]_3 = [1]_3$ bzw. $2 + 2 \equiv 1 \mod 3$,

$[4]_7 + [3]_7 = [7]_7 = [0]_7$ bzw. $4 + 3 \equiv 0 \mod 7$,

$[7]_2 + [1]_2 = [8]_2 = [0]_2$ bzw. $7 + 1 \equiv 0 \mod 2$,

$[8]_{10} + [7]_{10} = [15]_{10} = [5]_{10}$ bzw. $8 + 7 \equiv 5 \mod 10$,

$[2]_3 \cdot [2]_3 = [4]_3 = [1]_3$ bzw. $2 \cdot 2 \equiv 1 \mod 3$,

$[4]_7 \cdot [3]_7 = [12]_7 = [5]_7$ bzw. $4 \cdot 3 \equiv 5 \mod 7$,

$[7]_2 \cdot [1]_2 = [7]_2 = [1]_2$ bzw. $7 \cdot 1 \equiv 1 \mod 2$,

$[8]_{10} \cdot [7]_{10} = [56]_{10} = [6]_{10}$.   bzw. $8 \cdot 7 \equiv 6 \mod 10$.

5.10

Wir betrachten erst $\mathbb{Z}_1$. Zwei Zahlen a und b sind kongruent modulo 1, wenn $1 | (a - b)$. Das gilt aber für alle a, b, d.h.,

$$\forall\, a, b \in \mathbb{Z} : a \equiv b \mod 1.$$

Alle ganzen Zahlen liegen in derselben Äquivalenzklasse, $\mathbb{Z}_1 = \{[0]_1\}$.

Nun betrachten wir $\mathbb{Z}_0$. Zwei Zahlen a und b sind kongruent modulo 0, wenn $0 | (a - b)$. Das ist aber nur möglich, wenn $a - b = 0$, d.h.,

$$a \equiv b \mod 0 \iff a = b.$$

Jede Äquivalenzklasse besteht aus nur einer Zahl, $\mathbb{Z}_0 = \mathbb{Z}$.

5.11
In $\mathbb{Z}_2 = \{[0]_2, [1]_2\}$:
$[0]_2 + [0]_2 = [0]_2, [0]_2 + [1]_2 = [1]_2, [1]_2 + [1]_2 = [0]_2,$
$[0]_2 \cdot [0]_2 = [0]_2, [0]_2 \cdot [1]_2 = [0]_2, [1]_2 \cdot [1]_2 = [1]_2.$

In $\mathbb{Z}_3 = \{[0]_3, [1]_3, [2]_3\}$:
$[0]_3 + [0]_3 = [0]_3, [0]_3 + [1]_3 = [1]_3, [0]_3 + [2]_3 = [2]_3,$
$[1]_3 + [1]_3 = [2]_3, [1]_3 + [2]_3 = [0]_3, [2]_3 + [2]_3 = [1]_3,$
$[0]_3 \cdot [0]_3 = [0]_3, [0]_3 \cdot [1]_3 = [0]_3, [0]_3 \cdot [2]_3 = [0]_3,$
$[1]_3 \cdot [1]_3 = [1]_3, [1]_3 \cdot [2]_3 = [2]_3, [2]_3 \cdot [2]_3 = [1]_3.$

5.12

(a) Wir betrachten vier Fälle in Abhängigkeit von n:

$n = 0$: Es gilt immer $[m]_4 \cdot [0]_4 = [0]_4 \neq [1]_4$. Die Gleichung hat keine Lösung.

$n = 1$: $[m]_4 \cdot [1]_4 = [m]_4$. Es gilt $[m]_4 = [1]_4$ genau dann, wenn $m \equiv 1 \mod 4$.

$n = 2$:
$$[m]_4 \cdot [2]_4 = [2m]_4 = \begin{cases} [0]_4, & \text{falls } m \text{ gerade,} \\ [2]_4, & \text{falls } m \text{ ungerade.} \end{cases}$$

Die Gleichung hat keine Lösung.

$n = 3$: Wir haben nur $m = 3$ zu untersuchen, weil man m und n vertauschen kann. Die anderen Fälle haben wir also schon vorher untersucht. Nun gilt $[3]_4 \cdot [3]_4 = [9]_4 = [1]_4.$

Die Lösungen sind also $[1]_4 \cdot [1]_4 = [1]_4$ und $[3]_4 \cdot [3]_4 = [1]_4$.

(b) Hier betrachten wir drei Fälle:

$n = 1$: Es gilt $[m]_4 \cdot [1]_4 = [m]_4 \neq [0]_4$.

$n = 2$:
$$[m]_4 \cdot [2]_4 = [2m]_4 = \begin{cases} [0]_4, & \text{falls } m \text{ gerade,} \\ [2]_4, & \text{falls } m \text{ ungerade.} \end{cases}$$

Es muss also m gerade sein und $m \neq 0 \mod 4$, d.h., $m = 2 \mod 4$. Die Lösung ist $[2]_4 \cdot [2]_4 = [0]_4$.

$n = 3$: Wieder brauchen wir nur $m = 3$ zu untersuchen. Es gilt $[3]_4 \cdot [3]_4 = [9]_4 = [1]_4 \neq [0]_4$.

Die einzige Lösung ist also $[2]_4 \cdot [2]_4 = [0]_4$.

Kapitel 6

6.1

(a) Wir multiplizieren die Ungleichung $a < b$ mit $a > 0$ bzw. $b > 0$ und erhalten $a^2 < ab$ bzw. $ab < b^2$, insgesamt also $a^2 < ab < b^2$. Durch Ziehen der Quadratwurzel erhalten wir $a < \sqrt{ab} < b$.

(b) Wir addieren zur Ungleichung $a < b$ die Zahl a bzw. b und erhalten $2a < a+b$ bzw. $a+b < 2b$, insgesamt also $2a < a+b < 2b$. Durch Teilen durch 2 erhalten wir $a < \frac{a+b}{2} < b$.

6.2

(a) Wir unterscheiden drei Fälle in Abhängigkeit von a.

1. Fall: $a > 0$. Wir lösen die Ungleichung durch Multiplizieren der beiden Seiten mit $\frac{1}{a} > 0$:

$$ax + b \leq c$$
$$ax \leq c - b$$
$$x \leq \frac{c-b}{a}.$$

Die Lösungsmenge im 1. Fall ist $L = \left(-\infty, \frac{c-b}{a}\right]$.

2. Fall: $a < 0$. Wir lösen die Ungleichung durch Multiplizieren der beiden Seiten mit $\frac{1}{a} < 0$:

$$ax + b \leq c$$
$$ax \leq c - b$$
$$x \geq \frac{c-b}{a}.$$

Die Lösungsmenge im 2. Fall ist $L = \left[\frac{c-b}{a}, \infty\right)$.

3. Fall: $a = 0$. In diesem Fall nimmt die Ungleichung die Form

$$b \leq c$$

an. Gilt $b \leq c$, so ist die Lösungsmenge $L = \mathbb{R}$. Gilt $b > c$, so hat die Ungleichung keine Lösung, d.h., $L = \emptyset$.

Die Lösungsmenge ist

$$L = \begin{cases} \left(-\infty, \frac{c-b}{a}\right], & \text{falls } a > 0, \\ \left[\frac{c-b}{a}, \infty\right), & \text{falls } a < 0, \\ \mathbb{R}, & \text{falls } a = 0 \text{ und } b \leq c, \\ \emptyset, & \text{falls } a = 0 \text{ und } b > c. \end{cases}$$

(b) Wir beginnen mit einer Fallunterscheidung in Abhängigkeit von c.
1. Fall: $c < 0$. Da Betrag immer nicht-negativ ist, gilt $L = \emptyset$.
2. Fall: $c = 0$. Die Ungleichung in diesem Fall lautet $|ax + b| \leq 0$. Die einzige Möglichkeit ist $|ax + b| = 0$. Dies ist genau dann der Fall, wenn $ax + b = 0$. Nun unterscheiden wir zwischen zwei Fällen:
   - Ist $a \neq 0$, so hat die Gleichung $ax + b = 0$ die Lösung $x = -\frac{b}{a}$. Die Lösungsmenge der Ungleichung ist damit $L = \{-\frac{b}{a}\}$.
   - Ist $a = 0$, so lautet die Gleichung $b = 0$. Die Lösungsmenge hängt nun von b ab: $L = \emptyset$ für $b \neq 0$ und $L = \mathbb{R}$ für $b = 0$.
3. Fall: $c > 0$.
   - Ist $a = 0$, so lautet die Ungleichung $|b| \leq c$. Die Lösungsmenge ist $L = \mathbb{R}$ für $|b| \leq c$ und $L = \emptyset$ für $|b| > c$.
   - Nun betrachten wir den Fall $a \neq 0$. Wir lösen die Ungleichung wie folgt:

$$|ax + b| = |a| \cdot \left|x + \frac{b}{a}\right| \leq c$$

$$\left|x + \frac{b}{a}\right| \leq \frac{c}{|a|}$$

$$-\frac{c}{|a|} \leq x + \frac{b}{a} \leq \frac{c}{|a|}$$

$$-\frac{c}{|a|} - \frac{b}{a} \leq x \leq \frac{c}{|a|} - \frac{b}{a}.$$

Die Lösungsmenge ist $L = \left[-\frac{c}{|a|} - \frac{b}{a}, \frac{c}{|a|} - \frac{b}{a}\right]$.

Zusammengefasst geben wir die Lösungsmenge folgendermaßen an:

$$L = \begin{cases} \emptyset, & \text{falls } c < 0, \\ \{-\frac{b}{a}\}, & \text{falls } c = 0 \text{ und } a \neq 0, \\ \emptyset, & \text{falls } a = c = 0 \text{ und } b \neq 0, \\ \mathbb{R}, & \text{falls } a = b = c = 0, \\ \mathbb{R}, & \text{falls } c > 0 \text{ und } a = 0 \text{ und } |b| \leq c, \\ \emptyset, & \text{falls } c > 0 \text{ und } a = 0 \text{ und } |b| > c, \\ \left[-\frac{c}{|a|} - \frac{b}{a}, \frac{c}{|a|} - \frac{b}{a}\right], & \text{falls } c > 0 \text{ und } a \neq 0. \end{cases}$$

6.3

(a) Die Definitionsmenge des Terms ist $D = \mathbb{R} \setminus \{1\}$.

1. Fall: $x - 1 > 0$ bzw. $x \in (1, \infty)$. Wir lösen die Ungleichung wie folgt:

$$\frac{4x+3}{x-1} > -1 \qquad | \cdot (x-1) > 0$$
$$4x + 3 > -(x-1)$$
$$4x + 3 > -x + 1 \qquad | + x - 3$$
$$5x > -2 \qquad | \cdot \frac{1}{5} > 0$$
$$x > -\frac{2}{5} \quad \text{bzw.} \quad x \in \left(-\frac{2}{5}, \infty\right).$$

Die Lösungsmenge im 1. Fall ist dann

$$L_1 = (1, \infty) \cap \left(-\frac{2}{5}, \infty\right) = (1, \infty).$$

2. Fall $x - 1 < 0$ bzw. $x \in (-\infty, 1)$. In diesem Fall haben wir

$$\frac{4x+3}{x-1} > -1 \qquad | \cdot (x-1) < 0$$
$$4x + 3 < -(x-1)$$
$$4x + 3 < -x + 1 \qquad | + x - 3$$
$$5x < -2 \qquad | \cdot \frac{1}{5} > 0$$
$$x < -\frac{2}{5} \quad \text{bzw.} \quad x \in \left(-\infty, -\frac{2}{5}\right).$$

Die Lösungsmenge im 2. Fall ist dann

$$L_2 = (-\infty, 1) \cap \left(-\infty, -\frac{2}{5}\right) = \left(-\infty, -\frac{2}{5}\right).$$

Die Gesamtlösungsmenge entspricht der Vereinigung der Lösungsmengen der einzelnen Fälle:

$$L = L_1 \cup L_2 = \left(-\infty, -\frac{2}{5}\right) \cup (1, \infty).$$

(b) Die Definitionsmenge des Terms ist $D = \mathbb{R} \setminus \{-\frac{3}{2}\}$.

1. Fall: $2x + 3 > 0$ bzw. $x \in \left(-\frac{3}{2}, \infty\right)$. Wir lösen die Ungleichung wie folgt:

$$\frac{6x - 1}{2x + 3} \leq 3 \qquad | \cdot (2x + 3) > 0$$
$$6x - 1 \leq 3(2x + 3)$$
$$6x - 1 \leq 6x + 9 \qquad | - 6x + 1$$
$$0 \leq 10, \quad \text{eine wahre Aussage.}$$

Die Lösungsmenge im 1. Fall ist

$$L_1 = \left(-\frac{3}{2}, \infty\right).$$

2. Fall $2x + 3 < 0$ bzw. $x \in \left(-\infty, -\frac{3}{2}\right)$. In diesem Fall haben wir

$$\frac{6x - 1}{2x + 3} \leq 3 \qquad | \cdot (2x + 3) < 0$$
$$6x - 1 \geq 3(2x + 3)$$
$$6x - 1 \geq 6x + 9 \qquad | - 6x + 1$$
$$0 \geq 10, \quad \text{Widerspruch.}$$

Die Lösungsmenge im 2. Fall ist

$$L_2 = \emptyset.$$

Die Gesamtlösungsmenge entspricht der Vereinigung der Lösungsmengen der einzelnen Fälle:

$$L = L_1 \cup L_2 = \left(-\frac{3}{2}, \infty\right) \cup \emptyset = \left(-\frac{3}{2}, \infty\right).$$

(c) Es gilt

$$|3x - 4| = \begin{cases} 3x - 4, & \text{falls } 3x - 4 \geq 0 \quad \text{bzw.} \quad x \in \left[\frac{4}{3}, \infty\right), \\ -(3x - 4), & \text{falls } 3x - 4 < 0 \quad \text{bzw.} \quad x \in \left(-\infty, \frac{4}{3}\right), \end{cases}$$

$$|x + 1| = \begin{cases} x + 1, & \text{falls } x + 1 \geq 0 \quad \text{bzw.} \quad x \in [-1, \infty), \\ -(x + 1), & \text{falls } x + 1 < 0 \quad \text{bzw.} \quad x \in (-\infty, -1). \end{cases}$$

Die Punkte $x = -1$ und $x = \frac{4}{3}$ unterteilen die Zahlengerade in drei Intervalle. Wir betrachten drei Fälle.

Lösungen

1. Fall: $x \in (-\infty, -1)$. Wir haben

$$\begin{aligned} -3x + 4 &< 2(-x - 1) & & \\ -3x + 4 &< -2x - 2 & & | + 2x - 4 \\ -x &< -6 & & | \cdot (-1) < 0 \\ x &> 6 \quad \text{bzw.} \quad x \in (6, \infty), \end{aligned}$$

und somit als erste Lösungsmenge

$$L_1 = (-\infty, -1) \cap (6, \infty) = \emptyset.$$

2. Fall: $x \in \left[-1, \frac{4}{3}\right)$. Es gilt

$$\begin{aligned} -3x + 4 &< 2(x + 1) & & \\ -3x + 4 &< 2x + 2 & & | - 2x - 4 \\ -5x &< -2 & & | \cdot \left(-\frac{1}{5}\right) < 0 \\ x &> \frac{2}{5} \quad \text{bzw.} \quad x \in \left(\frac{2}{5}, \infty\right), \end{aligned}$$

und somit als zweite Lösungsmenge

$$L_2 = \left[-1, \frac{4}{3}\right) \cap \left(\frac{2}{5}, \infty\right) = \left(\frac{2}{5}, \frac{4}{3}\right).$$

3. Fall: $x \in \left[\frac{4}{3}, \infty\right)$. Dann ist

$$\begin{aligned} 3x - 4 &< 2(x + 1) & & \\ 3x - 4 &< 2x + 2 & & | - 2x + 4 \\ x &< 6 \quad \text{bzw.} \quad x \in (-\infty, 6), \end{aligned}$$

und somit als dritte Lösungsmenge

$$L_3 = \left[\frac{4}{3}, \infty\right) \cap (-\infty, 6) = \left[\frac{4}{3}, 6\right).$$

Die Gesamtlösungsmenge ist

$$L = L_1 \cup L_2 \cup L_3 = \emptyset \cup \left(\frac{2}{5}, \frac{4}{3}\right) \cup \left[\frac{4}{3}, 6\right) = \left(\frac{2}{5}, 6\right).$$

(d) Eine äquivalente Form der Ungleichung ist

$$|x - 3| + |x - 2| \leq 3.$$

Es gilt

$$|x - 3| = \begin{cases} x - 3, & \text{falls } x - 3 \geq 0 \text{ bzw. } x \in [3, \infty), \\ -(x - 3), & \text{falls } x - 3 < 0 \text{ bzw. } x \in (-\infty, 3), \end{cases}$$

$$|x - 2| = \begin{cases} x - 2, & \text{falls } x - 2 \geq 0 \text{ bzw. } x \in [2, \infty), \\ -(x - 2), & \text{falls } x - 2 < 0 \text{ bzw. } x \in (-\infty, 2). \end{cases}$$

Die Punkte $x = 2$ und $x = 3$ unterteilen die Zahlengerade in drei Intervalle. Wir betrachten drei Fälle.

1. Fall: $x \in (-\infty, 2)$. Wir haben

$$\begin{aligned} -x + 3 - x + 2 &\leq 3 \\ -2x + 5 &\leq 3 & &| -5 \\ -2x &\leq -2 & &\left| \cdot \left(-\frac{1}{2}\right) < 0 \right. \\ x &\geq 1 \quad \text{bzw.} \quad x \in [1, \infty), \end{aligned}$$

und somit als erste Lösungsmenge

$$L_1 = (-\infty, 2) \cap [1, \infty) = [1, 2).$$

2. Fall: $x \in [2, 3)$. Es gilt

$$-x + 3 + x - 2 \leq 3$$
$$1 \leq 3, \quad \text{eine wahre Aussage.}$$

Die zweite Lösungsmenge ist

$$L_2 = [2, 3).$$

3. Fall: $x \in [3, \infty)$. Dann ist

$$\begin{aligned} x - 3 + x - 2 &\leq 3 \\ 2x - 5 &\leq 3 & &| +5 \\ 2x &\leq 8 & &\left| \cdot \frac{1}{2} > 0 \right. \\ x &\leq 4 \quad \text{bzw.} \quad x \in (-\infty, 4]. \end{aligned}$$

Die dritte Lösungsmenge ist
$$L_3 = [3, \infty) \cap (-\infty, 4] = [3, 4].$$

Die Gesamtlösungsmenge ist
$$L = L_1 \cup L_2 \cup L_3 = [1, 2) \cap (2, 3) \cup [3, 4] = [1, 4].$$

(e) Die Definitionsmenge des Terms ist $D = \mathbb{R} \setminus \{-1\}$.
Es gilt

$$|3x - 1| = \begin{cases} 3x - 1, & \text{falls } 3x - 1 \geq 0 \text{ bzw. } x \in \left[\frac{1}{3}, \infty\right), \\ -(3x - 1), & \text{falls } 3x - 1 < 0 \text{ bzw. } x \in \left(-\infty, \frac{1}{3}\right). \end{cases}$$

Der Term $x + 1$ wechselt das Vorzeichen bei $x = -1$.
Die Punkte $x = -1$ und $x = \frac{1}{3}$ unterteilen die Zahlengerade in drei Intervalle.
Wir betrachten drei Fälle.

1. Fall: $x \in (-\infty, -1)$. Wir haben

$$\frac{-3x + 1}{x + 1} \geq 1 \qquad | \cdot (x + 1) < 0$$
$$-3x + 1 \leq x + 1 \qquad | -x - 1$$
$$-4x \leq 0 \qquad | \cdot \left(-\frac{1}{4}\right) < 0$$
$$x \geq 0 \quad \text{bzw.} \quad x \in [0, \infty),$$

und somit als erste Lösungsmenge
$$L_1 = (-\infty, -1) \cap [0, \infty) = \emptyset.$$

2. Fall: $x \in \left(-1, \frac{1}{3}\right)$. Es gilt

$$\frac{-3x + 1}{x + 1} \geq 1 \qquad | \cdot (x + 1) > 0$$
$$-3x + 1 \geq x + 1 \qquad | -x - 1$$
$$-4x \geq 0 \qquad | \cdot \left(-\frac{1}{4}\right) < 0$$
$$x \leq 0 \quad \text{bzw.} \quad x \in (-\infty, 0].$$

Die zweite Lösungsmenge ist
$$L_2 = \left(-1, \frac{1}{3}\right) \cap (-\infty, 0] = (-1, 0].$$

3. Fall: $x \in \left[\frac{1}{3}, \infty\right)$. Dann ist

$$\frac{3x-1}{x+1} \geq 1 \qquad\qquad |\cdot (x+1) > 0$$
$$3x - 1 \geq x + 1 \qquad\qquad |-x+1$$
$$2x \geq 2 \qquad\qquad \left|\cdot \frac{1}{2} > 0\right.$$
$$x \geq 1 \quad \text{bzw.} \quad x \in [1, \infty).$$

Die dritte Lösungsmenge ist

$$L_3 = \left[\frac{1}{3}, \infty\right) \cap [1, \infty) = [1, \infty).$$

Die Gesamtlösungsmenge ist

$$L = L_1 \cup L_2 \cup L_3 = (-1, 0] \cup [1, \infty).$$

Stichwortverzeichnis

A
Abbildung, 49, 51
Absolutbetrag, 85
Abzählbarkeit, 59
Allquantor, 34
Aussage, 2, 23
Aussageform, 34
 allgemeingültige, 34
 erfüllbare, 34
Axiom, 2

Ä
Äquivalenz, 31
Äquivalenzklasse, 76
Äquivalenzrelation, 75

B
Behauptung, 2
Betrag, 85
 graphische Bedeutung, 85
Bijektivität, 54
Bild, 52
Boolesche Algebra, 27
Boolescher Verband, 27

D
Definition, 1
Definitionsbereich, 49, 51
Definitionsmenge, 49
Differenzmenge, 10
disjunkt, 18
Disjunktion, 24
Division mit Rest, 67

E
Element, 5
elementfremd, 18
euklidischer Algorithmus, 69
Existenzquantor, 34

F
Faktormenge, 77
Folgerung, 3
Funktion, 51
Funktionswert, 49

G
ganze Zahlen, 13
Gegenbeispiel, 31, 39
geordnete Menge, 83
geordnetes Paar, 18
gerade Zahl, 9
Gleichmächtigkeit, 58
Graph, 51
größter gemeinsamer Teiler, 67

H
Hilfssatz, 3
Hintereinanderausführung, 56

I
identische Abbildung, 57
Identität, 57
Implikation, 30
 negierte, 32
Induktion, 41
 Varianten, 43

Induktionsanfang, 41
Induktionsbehauptung, 41
Induktionsschritt, 41
Induktionsverankerung, 41
Induktionsvoraussetzung, 41
Injektivität, 54
Intervall, 13
  endliches, 13
  unendliches, 13
inverse Abbildung, 55
inverses Element, 85

K
Kardinalität, 19, 58
Kardinalzahl, 58
kartesisches Produkt, 18
Komplementmenge, 11
Komposition, 56
Kongruenz, 78
Konjunktion, 24
Kontinuumshypothese, 61
Kontradiktion, 27
Kontraposition, 33
Korollar, 3
Körper, 85

L
leere Menge, 6
Lemma, 3

M
Mächtigkeit, 19, 58
Mächtigkeit des Kontinuums, 61
Menge, 5
  aufzählende Form, 6
  beschreibende Form, 6
  Gleichheit, 7
  leere, 6
  Obermenge, 7
    echte, 7
  Teilmenge, 7
    echte, 7

N
natürliche Zahlen, 13
  Addition, 40
  Multiplikation, 40
Negation, 24
neutrales Element, 85

O
Obermenge, 7
  echte, 7

Oder-Verknüpfung, 24
Ohne Beschränkung der Allgemeinheit, 58
Ordnungsaxiom, 85
Ordnungsrelation, 83

P
Partition, 18
Peano-Axiom, 39
Potenzmenge, 9
Primfaktorzerlegung, 72
Primzahl, 1, 71

Q
Quotientenmenge, 77

R
rationale Zahlen, 13
reelle Zahlen, 13
Relation, 74
  antisymmetrische, 75
  reflexive, 75
  symmetrische, 75
  transitive, 75
relativ prim, 70
Repräsentant, 76
Restklasse modulo m, 79
  Addition, 79
  Multiplikation, 79

S
Satz, 2
Schnittmenge, 10
Surjektivität, 54
symmetrische Differenz, 11

T
Tautologie, 27
Teilbarkeit, 9, 65
Teiler, 9, 65
teilerfremd, 70
Teilermenge, 66
Teilmenge, 7
  echte, 7
Theorem, 2
total geordnete Menge, 84
Totalordnung, 84
Transitivität, 8

U
Umkehrfunktion, 55
Und-Verknüpfung, 24
ungerade Zahl, 9
Urbild, 52

Ü
überabzählbare Menge, 60

V
Venn-Diagramm, 8
Vereinigung, 10
Vergleichbarkeit, 84
Verkettung, 56
Verträglichkeit, 85
Voraussetzung, 2

W
Wertebereich, 49, 51
Widerspruch, 27
Wohldefiniertheit, 79

Z
Zahl
   ganze, 13
   gerade, 9
   natürliche, 13
   rationale, 13
   reelle, 13
   ungerade, 9
Zielmenge, 49

If you have any concerns about our products,
you can contact us on
ProductSafety@springernature.com

In case Publisher is established outside the EU,
the EU authorized representative is:
Springer Nature Customer Service Center GmbH
Europaplatz 3, 69115 Heidelberg, Germany

Printed by Libri Plureos GmbH
in Hamburg, Germany

MIX
Papier aus verantwortungsvollen Quellen
Paper from responsible sources
FSC® C105338